K Jansen

Poleographie der cimbrischen Halbinsel

Ein Versuch die Ansiedlungen Nordalbingiens in ihrer Bedingtheit durch Natur und

Geschichte nachzuweisen

K Jansen

Poleographie der cimbrischen Halbinsel
Ein Versuch die Ansiedlungen Nordalbingiens in ihrer Bedingtheit durch Natur und Geschichte nachzuweisen

ISBN/EAN: 9783742816962

Hergestellt in Europa, USA, Kanada, Australien, Japan

Cover: Foto ©Klaus-Uwe Gerhardt /pixelio.de

Manufactured and distributed by brebook publishing software (www.brebook.com)

K Jansen

Poleographie der cimbrischen Halbinsel

POLEOGRAPHIE

DER

CIMBRISCHEN HALBINSEL.

———

Ein Versuch die Ansiedlungen Nordalbingiens

in ihrer Bedingtheit durch Natur und Geschichte

nachzuweisen

von

Professor Dr. ph. K. JANSEN.

STUTTGART.

VERLAG VON J. ENGELHORN.

1886.

Inhalt.

Vorbemerkung.

Dem Griechen bedeutete πόλις zunächst eine städtische befestigte Ansiedlung im Gegensatz zu einer offenen dörflichen, zugleich aber auch einen durch Gesetz und Verfassung umschlossenen Verein von Menschen im Gegensatz zum zerstreuten und staatlosen Dasein. Poleographie nenne ich mithin die Darstellung der Städte eines geographischen Gebiets nach ihren örtlichen und staatlichen Verhältnissen. Wenn eine wissenschaftliche Kunde der menschlichen Ansiedlungen nur auf Grundlage genauer Kenntnis des Landes und der Geschichte gewonnen werden kann, so muss eine Poleographie auf Boden-, Stadt- und Volkskunde zugleich beruhen.

Die Benennung Nordalbingien, seit Einhard von unserem Lande, freilich auch in weiterem Umfang für das nordöstlich der Elbe gelegene Slavenland und ohne feste Begrenzung in Gebrauch, soll von vornherein andeuten, dass ausser der preussischen Provinz Schleswig-Holstein auch das damit in Natureinheit stehende eutinische, lübsche und hamburgische Gebiet Gegenstand der Behandlung ist. In gleichem Sinne konnte die cimbrische Halbinsel nur als eine Einheit in Betracht kommen und musste Jütland wenigstens so weit herangezogen werden, als es zum Verständnis des eigentlichen Gegenstandes nötig erschien.

Einleitung.

Ein Zug wandernder Menschen bewegt sich nach denselben Gesetzen wie ein Fluss. Er sucht mithin ein natürlich gegebenes Bett, um es sofort zu benutzen oder erst zu gestalten. Seine Richtung geht also unter allgemeinen und gewöhnlichen Bedingungen auf die Ebenen, in die Thäler, längs der Flüsse, namentlich der grösseren und beherrschenden: wandernde Völker suchen das Meer.

In Bewegung aber ist das Menschengeschlecht von Anfang an wie das flüssige Element. Nur darin unterscheidet es sich, dass die Atome desselben, die Einzelmenschen, in kurzen Fristen der Ruhepunkte, der Haltestellen bedürfen. Alle menschlichen Ansiedlungen sind Pilgerherbergen, liegen mithin an den natürlichen oder künstlichen Strassen, und ihre Grösse und Bedeutung steht mit der Bedeutung und Belebtheit der Strasse im genauen Verhältnis.

Belegen sein müssen dieselben an denjenigen Punkten dieser Linien, welche entweder für Alle die notwendig gegebenen oder für die grösste Anzahl der Wandernden die bequemsten und erwünschtesten Haltestellen sind. Die Wohnplätze der Menschen werden also immer an den Halt-, Wende- oder Kreuzpunkten der Strassen liegen, mithin die grössten an den vielfachsten Knotenpunkten des Verkehrs [1]).

Die Bewegung selbst kommt wie in der natürlichen, so in der Menschenwelt zumal für Menschenmassen nicht ohne eine Nötigung zustande: die Nötigung ist entweder äusserer Art und wird als Zwang empfunden, oder innerer Art, Trieb oder Beweggrund.

Erst beide Ursachen zugleich, die bedingenden, auf der Bodengestaltung beruhenden und die erzeugenden, in der Menschenwelt liegenden führen durch ihr Zusammenwirken zur Gründung, Verteilung und Grösse der menschlichen Niederlassungen überhaupt. Die Bodenverhältnisse allein, und wären sie die allergünstigsten, können Verkehr und Verkehrsplätze nicht schaffen; gesellschaftliche, staatliche, kirchliche Motive der verschiedensten Art rufen am meisten und kräftigsten Wanderungen und Anpflanzungen hervor; eine Quelle ein See, der Fluss das Meer, ein Eldorado ein Paradies, ein Heiligenbild ein Tempel ziehen Menschenmengen an sich, bahnen Wege zu sich: Richtung aber und Haltpunkte des Weges, Belegenheit der Ansiedlungen bestimmt und bedingt die Beschaffenheit des Bodens.

---

[1]) Näher begründet sind diese Sätze sowie auch die darauf beruhende Einteilung der Strassen in meiner Schrift: „Die Bedingtheit des Verkehrs und der Ansiedlungen der Menschen durch die Gestaltung der Erdoberfläche." Kiel 1861. Uebrigens ist es bemerkenswert, dass die deutsche Sprache in ihren betreffenden Bezeichnungen eine Erinnerung von dem oben dargelegten Sachverhältnis zu bewahren scheint. „Siedeln" kommt aus dem mittelhochdeutschen sidelen, althochdeutschen sëdal Sitz, Sessel, Wohnsitz, gotisch sitls. In „Dorf" freilich, wie die Bedeutung des gotischen thaurp = Feldmark ausser Zweifel stellt, tritt die Beziehung auf die Wanderbewegung zurück; aber nicht ohne Grund, da ein Dorf als Ruhepunkt für wandernde Züge nicht in Betracht kommen kann. Weiler wird wie das süddeutsche wîl mit villa zusammenhangen. Flecken beruht auch nur auf dem Gegensatze zur Linie oder zur Fläche. Aber schon in dem allgemeinsten Namen für menschliche „Niederlassungen"; „Ort", das in der Wurzel mit Ecke, Spitze eins ist und an den Ostseeküsten mehrfach scharf vortretende Landspitzen bezeichnet, Daruser Ort, Brüster Ort, Dagöer Ort, scheint die Auffassung von einem Schneiden zweier Linien zu Grunde zu liegen. Unzweifelhaft aber bedeutet „Stadt" einen Steh- oder Halteplatz. In ihr volles Licht tritt diese einfache und doch so treffende Bezeichnung durch ihren Gegensatz: der Weg, aus der Wurzel weg = ziehen, fahren, zusammenhängend mit wehen, wogen, wagen, weichen, Wind, Woge, Wage, Wagen u. a., ist das, was bewegt und seine Aufgabe und Bestimmung in der Bewegung hat (vgl. Kluge, etymologisches Wörterbuch). In ἄστυ (sk. vástu von der Wurzel vas = weilen, wohnen), liegt der Begriff des Bleibens (ahd. wis = mansio) auch zu Grunde; πόλις, von den Wurzeln par, pel, ple Fülle, Verkehr, Gedränge, skr. pur, puri-s, púram Stadt, Burg, Feste, lässt die staatliche Bedeutung mehr hervortreten. Urbs und oppidum sind in ihrer Grundbedeutung zweifelhaft. s. Curtius.

Ob nun, wie unter gewöhnlichen und ursprünglichen Verhältnissen, der Weg den Ort herbeiführt oder der Ort den Zugang hervorruft, immer werden die Ansiedlungen von den grössten bis zu den kleinsten hinab End-, Wende- oder Kreuzungspunkte darstellen.

So zahllos die Menge derselben ist, so begrenzt sind ihre Arten. Die wichtigsten derselben lassen sich folgendermassen ordnen:

I. Die Wege des Festlandes ergeben:
    1. Kreuzungen gleichartiger Festlandsstrassen:
        a) an Meerbusenspitzen,
        b) an Landengen,
        c) an Furten, Fähren, Brücken,
        d) an Mittelpunkten geographischer oder politischer Kreise.
    2. Kreuzungen ungleichartiger Festlandsstrassen:
        a) von Flachlands- und Gebirgswegen,
        b) von Eisenbahnen und Landstrassen.
II. Die Wege verschiedener Media ergeben:
    1. Kreuzungen von Fluss- und Festlandswegen:
        a) an den stärkeren, namentlich rechtwinkligen Biegungen der Flüsse,
        b) an den Schiffbarkeitsanfängen und Stufen, namentlich der Mündung.
    2. Kreuzungen von Landsee- und Festlandswegen:
        a) an den Endpunkten langgestreckter, zumal tiefeingesenkter Seen,
        b) an der Mitte ihrer Langseiten.
    3. Kreuzungen von See- und Festlandswegen:
        a) an Meerbusenspitzen,
        b) an Meerengen,
        c) an den Enden langgestreckter Binnenmeere.
III. Die Wege auf dem Flüssigen ergeben:
    1. Kreuzungen von Flusswegen mit einander:
        a) an den Mündungen der Nebenflüsse,
        b) an den scharfen Biegungen.
    2. Kreuzungen von See- und Flusswegen:
        a) an den Mündungen ins Meer,
        b) an den Ein- und Ausflüssen bei einem Landsee.
    3. Kreuzungen von Seewegen mit einander:
        a) an Landzungen und Vorgebirgen, zumal weit vorgestreckten,
        b) an Meerengen.

Sind diese allgemeinen Gesetze für Menschenverkehr und Niederlassungen begründet, so werden sie auch in der Besiedlung und den Hauptplätzen der cimbrischen Halbinsel sich bewähren müssen.

I. Lage und Bodengestalt der cimbrischen Halbinsel.

1. Für die Gestalt und Bildung des europäischen Festlandes sind zwei Binnenmeere von grösster Bedeutung: zuerst das südliche, das den Mittelpunkt der alten Welt gebildet hat und noch von den Völkern des Mittelalters als das Meer der Mitte bezeichnet worden ist; sodann das nördliche, aus Nord- und Ostsee mit ihren verschiedenen Teilen bestehende, das erst seit dem Mittelalter Schauplatz geschichtlichen Lebens werden konnte. Das südliche ist das grössere, längere, tiefer in den ganzen Kontinent der alten Welt, d. h. in drei Weltteile eindringende; das nördliche leistet für die germanischen Länder aber dennoch dieselben Dienste wie das südliche einst für die griechisch-romanische Welt und jetzt für alle seemächtigen Nationen der Erde. Es unterscheidet sich von diesem durch die breitere und offenere Verbindung mit dem Ocean, von dem das südliche Mittelmeer fast abgeschlossen ist; das nördliche ist nur ein breit beginnender und allmählich sich verengernder, wie verflachender Meerbusen des atlantischen Weltmeers.

Zwei Riegel erstrecken sich von dem Körper des Weltteils in nördlicher Richtung durch dasselbe vor: Grossbritannien, vor Menschengedenken durch einen Meeresarm vom Festland gelöst, eine Schutzmauer der flachen Niederungen Norddeutschlands gegen die Wucht der oceanischen Wogen und die mit dem Festland verbundene niedrige Halbinsel, welche wir die cimbrische nennen.

Diese selbst ist aber wieder ein Teil eines grösseren Ganzen, die mittlere und bei weitem längste von den drei Ausbuchtungen der niederdeutschen Küste, deren westliche, von der Zuidersee bis zur unteren Elbe, in sich noch wieder durch Dollart und Jadebusen gegliedert ist, deren östliche, von der Odermündung und der Lübeker [1]) Bucht begrenzt, in der Halbinsel Zingst und im Darsser Ort ausläuft, ursprünglich wohl ihre letzte Spitze in dem Vorgebirge Arcona hatte. So bildet der cimbrische Chersonnes nach Nordwesten hin mit der festländischen Küstenlinie einen rechten, nach Nordosten einen spitzen Winkel. In dem ersteren zieht sich, von dem vereinzelten Helgoland abgesehen, eine Schnur von langgestreckten Küsteninseln hin, die trockenen Rücken der weit hinausgehenden, flach verlaufenden Watten, Trümmer der einstigen Küste; in dem anderen breitet sich eine Gruppe grösserer Inseln aus, durch verschiedene Sunde voneinander und von den benachbarten Festlanden, durch ein breiteres Fahrwasser von der deutschen Küste getrennt, einst wohl ohne Zweifel mit dem südwestlichen wie dem östlichen Festland zusammenhängend.

Die Begrenzung der Halbinsel gegen das Festland ist eine von der Natur nur zum Teil entschieden ausgesprochene: einerseits durch das breite Gewässer der Unterelbe bis Hamburg, andererseits durch die Lübeker Bucht und die untere Trave bis Lübek; die Verbindungslinie zwischen diesen beiden Punkten lässt sich entweder gerade oder auf einem Umwege längs der unteren und mittleren Bille nach der

---

[1]) s. S. 555.

Trave zu oder mit der Elbe bis nach Lauenburg, mit der Wakenitz bis nach Razeburg ziehen, zwischen welchen Punkten die Delvenau und der Stebnitzkanal mit seiner Niederung die Lücke nahezu ausfüllen würde.

Diese Halbinsel hat in der nicht bloss reichen, sondern auch besonders harmonischen Gliederung des Körpers von Europa eine unverkennbare Beziehung zu der griechischen; beide zusammen stellen zu der Bretagne einerseits, Corsica-Sardinien andererseits, zu Grossbrittanien-Irland nördlich, Italien-Sicilien südlich die dritte Hauptgliederung dar; wie Griechenland durch seine Inselwelt nach Kleinasien gewiesen und von Kleinasien selbst fortgesetzt wird, so die cimbrische Halbinsel nach und von Skandinavien; das Schwarze Meer mit seinen hintereinander liegenden Verbindungsgewässern erscheint wiederholt in dem Ostseebecken mit seinen drei nebeneinander liegenden Sunden oder Belten. Während aber die griechische von dem Körper des Weltteils durch Gebirge abgeschlossen ist, befindet sich die cimbrische mit dem Festlande in engster Wechselbeziehung; die charakteristische Bedeutung der griechischen steigt bei weiterem Vordringen ins Meer, die der cimbrischen nimmt ab.

Ungleich vollends und fast entgegengesetzt ist die Gestalt beider Halbinseln. Während die griechische breit und kontinental beginnt, um in immer reichere Gliederung und Verästelungen auszulaufen, die sich durch Inselreihen nach Kleinasien fortsetzen, nimmt die cimbrische Halbinsel von einer breiteren Basis aus anfangs auch einen Anlauf zur Verjüngung und Gliederung, um dann aber in der nördlichen Hälfte zu einer nach beiden Seiten ausladenden, fast doppelten Verbreiterung überzugehen, die schliesslich in nordöstlicher Richtung mit rascher Verjüngung in eine hafenlose Spitze verläuft, ohne Fortsetzung durch Inseln zu finden. Die Breite der Halbinsel, gemessen zwischen der Westküste von Eiderstedt und der Nordostspitze Holsteins, beträgt etwa 22 geogr. M., zwischen Husum und Eckernförde 7 M., zwischen Husum und Schleswig 4½ M., dagegen zwischen Thorn Gab und Grenaae 23 M. Schon dadurch ergibt sich eine Dreiteilung des Landes geographischer Natur, die sich zu allen Zeiten auch politisch fühlbar gemacht hat, in eine breite Basis, eine verengte Mitte und ein plumes-, wenig entwickeltes Haupt. Die erste hat noch kontinentalen Zusammenhang und Charakter, die zweite ist durch Inseln im Westen und Halbinseln im Osten am meisten gegliedert, das letzte Drittel in Boden- wie Küstenbildung einförmiger, ein Verhältnis, das durch die Belegenheit der drei Teile zur Achse des betreffenden Mittelmeers noch weitere Ausprägung erhält.

Von Bedeutung ist die begrenzende Küstenlinie.

In genauem Verhältnis zu der sehr allmählichen Steigung des Bodens nach Osten hin verliert sich die Westküste mit sehr flacher Abdachung in die Nordsee. In Jütland ist sie ohne vorgelagerte Inseln, scharf begrenzt, durch eine dreifache Reihe von Riffen abschreckend. Die schleswigsche Küste begleitet eine Inselzone von fast eines halben Grades Breite, deren Westgrenze ziemlich genau in der Verlängerung der jütischen Küstenlinie liegt. Der Westrand von Fanö, Röm, Silt, Amrum, die Eiderstedter Düne Hitzbank, die Watten Blauort und

Buschsand leiten in gerader Nordsüdrichtung nach der Geest des Wur-
stener Landes der südelbischen Küste hinüber. Weite Strecken sind
zwischen dem Festen und Flüssigen streitig bis tief in die Mitte des
Landes hinein; ein nicht ganz schmaler Saum ist im regelmässig ab-
wechselnden Besitz des einen und des andern; breite Untiefen erstrecken
sich von wenigen Fuss Wasser bedeckt weit ins Meer hinaus, unterbrochen nur durch die Elb-, die Eidermündung und die Lister Tiefe.

Die Ostküste dagegen, durchweg höher über dem Meere und
steiler in dasselbe abfallend, zeigt eine ähnliche Bildung, wie sie den
oceanischen Küsten Englands, den Felsküsten Norwegens, Schottlands,
der Bretagne und des spanischen Nordwestens eigentümlich ist, die
der Förden, d. h. der senkrecht eindringenden, meist keilförmigen,
teils auch bis zu flussartiger Länge ausgedehnten Meeresarme, welche
den ganzen cimbrischen Osten mit einer Reihe vortrefflicher Häfen ausgestattet hat [1]). Dieselbe Bildung, noch erweitert durch die sogen.
Noore, enghalsige Nebenbuchten der Förden, sowohl in ihrer Längen-
als Querrichtung, — Windebyer- und Nübelnoor —, bedingt die grosse
Zahl von Halbinseln, welche bei aller Kleinheit in Holstein und Schleswig landschaftliche und selbst Stammesbesonderheiten Jahrhunderte
lang erhalten haben: Wagrien, dänischer Wohld, Schwansen, Angeln,
Sundewith, Loit, Ness. Die Küstenentwicklung, zunächst Schleswig-
Holsteins, ist daher auch eine günstige: wenn die Länge der Ostküste
48 + 23 = 71 M., die der Westküste von Schleswig 20, von Holstein
bis Brunsbüttel 10, bis Hamburg circa 13 Meilen = 58 gerechnet wird,
so kommen rund 130 M. Küstenlinie auf eine Fläche von rund 350 Qu.-
Meilen d. h. etwa 2,6 auf die Qu.-Meile. Auch in dieser Beziehung ist
Jütland, dessen grosse aber wenig verkehrsfähige Binnenseen nicht wohl
in Rechnung gezogen werden können. so dass die ganze Westküste als
hafenlos erscheint, weniger begünstigt.

2. Der Boden der cimbrischen Halbinsel, obwohl im allgemeinen
eben und einförmig, bietet doch bei näherer Betrachtung bedeutsame
Unterschiede und wichtige Abschnitte dar. Die Südhälfte. Schleswig-
Holstein, taucht aus der Nordsee auf mit dem bald breiteren bald schmä-
leren, in Schleswig auch zweimal durch Geestvorsprünge unterbrochenen
Saum der Marsch; durch die ganze Halbinsel zieht sich der flache, jedoch
vielfach von Bodenerhebungen und Hügelgruppen durchsetzte Heide-
rücken, in Jütland durch einen Flugsandstreifen eingefasst; der höhere,
aus einem buchten- und seenreichen Hügellande bestehende Oststreifen,
der sich in Holstein über mehr als ein Drittel des Gebiets bis an die
Mitte hin verbreitert, setzt sich in Jütland über das letzte Drittel zusammenhängend nicht mehr fort.

Die Grenze zwischen dem Alluvium und dem Diluvium muss nach
der Natur der Sache das einstige Meeres-, also jetzige Marschufer sein.

---

[1]) Wenn die Insel Alsen ihre Förden und das tiefe Höruphaff an der Westküste hat, so wird das mit ihrer Abdachung von Osten nach Westen und mit der
bohrenden Gewalt des von Norden kommenden, mehr und mehr eingezwängten
Stromes zusammenhängen. Auch Fehmarn hat seine zerrissenen Küsten im Norden,
Westen und Süden; die Ostküste bildet eine geschlossene Linie.

Dasselbe erscheint noch jetzt, mehr oder weniger erkennbar, unter dem Namen Don oder Kleve, Namen, deren Verbreitungsgebiet genau soweit ausgedehnt ist, wie die bezügliche Bodenbildung, d. h. von Holland bis an und über die Grenze Jütlands. Abgesehen von den vielfachen Vorsprüngen wie Einbuchtungen wird die Linie durch eine Schnur grösserer und zugleich älterer Ortschaften des Westens bezeichnet: Ripen, Tondern, Bredstedt, Husum, Lunden, Heide, Meldorf, Itzehoe, Elmshorn, Uetersen, Wedel; das hohe Elbufer, auf dem Blankenese, Ottensen, Altona, Hamburg liegen, ist nichts weiter als eine Fortsetzung des Meeresufer am Flusse aufwärts.

Die Grenze zwischen dem Geschiebesand und dem Geschiebethon ist zunächst in Jütland vielfach verschoben und durchsetzt. Das nördlich vom Liimfjord gelegene Dreieck, teils flach teils hügelig, im Norden und Westen von Flugsand umlagort, mit grossen Strecken gehobenen Seebodens, z. B. dem grossen Wildmoor, gehört vorwiegend dem Geschiebethon an. Der Abschnitt südlich vom Liimfjord, zwischen diesem, dem Mariager-Fjord und dem Kattegatt, auch nicht ohne bedeutende Strecken gehobenen Seebodens, z. B. das kleine Wildmoor mit den die sogenannten Holme umgebenden Niederungen, besteht vorwiegend aus Geschiebesand. Vom Mariager- bis über den Randers Fjord, die südlich davon gelegene Halbinsel Grenaae eingeschlossen, westlich bis nach Viborg wechseln Sand und Lehm. Erst von der Kalö-Wik nach Süden dehnt sich über den Osten des Landes der Geschiebethon mit seiner wald- und hügelreichen Oberfläche in ähnlicher Weise wie auf den Inseln und in Schleswig-Holstein bis zu einer Linie westwärts aus, die zuerst etwa die Mitte des Landes erreicht, dann aber in der Südrichtung mehr und mehr sich der Küste nähert, um sich von Veile an wieder davon zu entfernen. Von der jütisch-schleswigschen Grenze an weicht der Westrand des Geschiebethons, von vereinzelten Strecken, namentlich einem weit ausgreifenden Winkel zwischen Königsau und Nipsau, abgesehn, aufs neue mehr und mehr nach Osten zurück; und zwar auf der Halbinsel Loit und Sundewith in genauem Parallelismus mit der ausbiegenden Küste, so dass er sich bei Apenrade, Flensburg und Schleswig wieder nach Westen, in einigem Abstande um die genannten Städte herumwendet. Von da an schlägt seine Linie eine südöstliche Richtung ein, bleibt eben westlich vom Wittensee, östlich von Rendsburg, auch östlich von Neumünster, von wo sie bis in die Niederung der Tensfelder Au, südlich vom Südende des Plöner Sees, gerade östlich streicht, um von da wieder in ziemlich gerader Südrichtung, westlich an Segeberg und Oldesloe vorbei und mit manchen Ausbuchtungen in westlicher Richtung zwischen Hamburg und Bergedorf an die Elbe zu geben, die sie weiter aufwärts nicht mehr erreicht. In bemerkenswerter Weise wird mithin von ihrer westlichen Grenzlinie auch in Holstein der Parallelismus mit der Küstenlinie festgehalten.

Die Marsch, wenig über dem Meeresspiegel, um Wilster gar unter dem der Elbe gelegen, hat ihre Eigentümlichkeit im Stoff und in der Form. Die Form überrascht und zieht an durch die völlig wagerechte, wie mit dem Lineal gezogene Linie ihres Horizonts und die gleich wagerechte Ebene ihrer Oberfläche. Der Stoff ist der sogen.

Klai (clay), ein letter schwerer Thon, der einerseits durch die strotzende
Fruchtbarkeit diesen Küstensaum mit seinen Weiden und Rinderherden,
seinen Raps- und Kornfeldern, der Menge seiner Wohnungen, die wie
ausgesät über die ganze Fläche erscheinen, zu einem seltenen Bilde ge-
segnetsten Wohlstandes macht, andererseits durch die Zähigkeit und
Grundlosigkeit der Bodenart bei Regen und Winterwetter dem Verkehr
erhebliche Schwierigkeiten bereitet.

Zusammengesetzterer Art ist der breite Mittelstreifen des
Landes sowohl seiner Form und Oberfläche, wie seinem Stoffe nach. Zum
grossen Teile Süsswasser-Alluvium, d. h. Moorniederungen und Wiesen,
ist er von Heidesand und Geschiebesand bunt durchsetzt; zwischen Stör
und Eider tritt Geschiebethon in grösseren Zusammenhängen auf, der
in Schleswig fast völlig fehlt. Das Bild der Oberfläche wechselt zwischen
der braunen Heide und dem fahlen und finstern Torfmoor, der grünen
Wiesenniederung und den dunkeln Nadelwaldungen, in der Gesamt-
wirkung meist ernst und strenge, oft rauh und ärmlich.

'Freundlich und anmutend ist das Aussehn des östlichen Hügel-
landes: Weiden, Wiesen und Kornfelder, getragen oder durchsetzt
von langgestreckten Höhenzügen und Buchenwäldern, Flussthälern und
Schluchten, Seebecken und Förden, bieten hier durch Form und Farbe
die Bedingungen, welche unter besonders glücklichen Mischungsverhält-
nissen Landschaftsbilder von wahrhaft überraschender Lieblichkeit erzeugen.

3a. Erhebungen des Bodens fehlen in keiner der drei Zonen ganz.
Während sie aber, von den Inseln Röm, Silt, Amrum, Föhr abgesehn,
in der Marsch nur als Uferränder, im Mittelrücken zugleich als Uferränder und Plateaus, Hügelreihen und Hügelgruppen vorkommen,
sind sie in dem östlichen Streifen, von kleineren Strecken Ebene oder
Wiesenniederungen abgesehn, die einzige Bodenform.

Das äusserste Ufer des Wattenmeers und der daran sich schliessenden
Marsch bildet eine Kette von Sandbergen, die sich, vom Meere mehrfach schmäler oder breiter durchbrochen, von der dänischen Insel Fanö
bis in die Eiderstedter Hitzbank fortsetzt und namentlich an den drei
äussern Inseln des Wattenmeers, Röm, Silt und Amrum, in ihrer eigentümlichen Gestalt wie Wirkung erscheint. Bestehend aus aufgelagertem
Flugsande zeigen diese Hügel in ihren Linien und Umrissen, in ihren
Spitzen oder Kuppen, Trichtern und Schluchten die Formen eines Fels-
Gebirges mit überraschender Aehnlichkeit, wie wenn sie ein Relief desselben im grossen Massstabe darstellen sollten.

3b. Die Erhebungen des Mittelrückens vergegenwärtigen
sich am besten von den westwärts her tief ins Land ausgebreiteten
Niederungen aus.

Wenn nämlich im Osten des Landes das Meer in bedeutender
Tiefe zwischen hohen und festen Ufern meilenweit in scharfer Begrenzung in das dortige Hügelland eindringt, zeigen sich im Westen zwei
grössere und mehrere kleinere Einbuchtungen des Meeres oder der
meerartigen Niederungen von stumpfwinkligen Umrissen, die in unbestimmbarer Zeit wirkliche Meerbusen von ebenso grosser Ausdehnung
wie meist geringer Wassertiefe gewesen sind: eine Gestalt, welche die-

selben zu einem grossen Teile in den beiden letzten schweren Flut-
jahren 1825 und 1855 noch einmal wieder angenommen haben, zu der
sie Anläufe und Andeutungen in jedem regenreichen Winter zeigen. Die
bedeutendsten bilden die nördlichen Mündungsgebiete der Elbe und ihres
grösseren Nebenflusses, der Stör und das gesamte mittlere und untere
Stromgebiet der Eider mit ihren südlichen und nördlichen Nebenthälern.

Die grosse Niederung der Elbmarsch dringt, den Geestrücken
von Nordoe oder Münsterdorf in zwei Armen umspannend, zwischen Itzehoe
und Horst durch, halb noch Marsch halb Moor und Wiese oder auch
Sand, durch das Thal der Stör in östlicher und nordöstlicher Richtung
zunächst bis Kellinghusen ein. Von hier, wo sie sich zwischen dem
Uferrand der Stör und den westlichen Ausläufern des Bramstedter
Rückens bis auf eine halbe Stunde verengt, setzt sie sich teils in östlicher
Richtung durch die Bram-Aue und deren Quellbäche bis gegen Segeberg hin, teils an Breite wachsend in nordöstlicher Richtung auf Neumünster und weiter nordwärts als Hohheide auf Nortorf zu fort, wo
sie schmäler wird, um alsbald wieder nach beiden Seiten hin auszu-
greifen und unmerklich in die Eiderniederungen bei Rendsburg überzugehen.

So erscheint das Gebiet des Geschiebesandes in Holstein in zwei
grössere Plateaus geteilt, ein südöstliches und ein nordwestliches: das erstere
von Braman, Elbe und Elbmarsch begrenzt, nach Osten bis über die Alster,
im Süden sogar bis an die untere Bille fortgesetzt, in der Hauptsache das
alte Stormarn; das nordöstliche, westlich von der Marsch und den an-
grenzenden Mooren, östlich von der Sorlau und der Stör, südlich von
der Stör- und Elbmarsch, nördlich von der Eiderniederung umspannt.
Von Süden, Westen und Norden dringen kleinere Meer- oder Moorbusen
in diese Platte ein, und zwar zwei, breit und tief, oft überschwemmt
und ungangbar, mit besonderer Wirksamkeit: das Thal der Gieselaue
von Norden, das der Holstenaue von Süden; so dass sie zu der Sonderung
in Dithmarschen und „Holsten" die Grundlage bildet.

Den zweiten grossen Meerbusen stellt die untere Eiderebene
dar. Zwischen den Höhen von Heide einer, von Husum andererseits
eindringend, breitet sich derselbe, für das Auge in seiner wirklichen
Natur unverkennbar, in seinem Umfange unübersehbar in östlicher Richtung bis über Rendsburg in die Nähe des Wittensees, bis an den
Fuss der Hüttener Berge, in nordöstlicher Richtung bis an die Uferhöhen der obern Schlei, an die bastionartig vorspringenden Hügel von
Schuby und Husby, in nördlicher Richtung endlich durch das weite
Treenethal bis unweit Flensburg aus, um hier in die mehr unterbrochenen Niederungen der kleineren Auen von Mittel- und Nordschles-
wig überzugehen, auf deren baumlosen Flächen der westwärts Wandernde
alsbald salzgeschwängerte Meeresluft zu atmen beginnt. Die Dünen
der Hitzbank, die von Tating und Garding, der langgestreckte Rücken
von Lunden, halb Düne halb Geschiebesand, der weithin sichtbare, steil
und hoch aus dem Eiderthal aufsteigende, sanft nach der Treene ab-
dachende Bergzug von Stapelholm, das Plateau von Erfde und
weiter östlich noch einige kleinere Geestflecke ragen als richtige Inseln
aus der fast wagerechten Fläche hervor, die, wie oben erwähnt, südlich

von Rendsburg mit der grossen holsteinischen Tiefebene in unmittelbarer Verbindung steht.

Die Erhebungen des Bodens aus diesen Niederungen steigen
teils allmählich, teils steiler an. Steil und meist auch verhältnismässig
hoch aufragend erscheinen die Uferränder der Flüsse, beziehent-
lich der Moore oder Marschen und zwar besonders mit unverkenn-
barer Regelmässigkeit die nördlichen. Das nördliche Elbufer abwärts
von Altona steigt, soweit es westlich läuft, bis Wedel hin steil aus der
Elbe auf, im Baursberg bei Blankenese bis zu 319'. Sowie dasselbe sich
nördlich wendet, nimmt es mehr und mehr an Höhe ab; schon bei
Elmshorn verschwindet der Don dem oberflächlichen Beobachter fast
ganz. Scharf ausgeprägt ist dann der Rand der holstenschen Platte,
vorzugsweise wieder nördlich von der Stör- und Marschniederung.
Schon oberhalb Kellinghusen erscheint er nahezu mauerartig, verläuft
abwärts dieses Ortes in eine Senkung, erhebt sich dann aber oberhalb
Itzehoe aus dem Störthale und der Marsch vorgebirgsartig als ein
breiter und hoher Buckel, der eine der umfassendsten Fernsichten
von der Höhe des Kaiserberges gewährt: süd- und westwärts über die
Elbniederung und Marsch in Hannover hinein, nordwärts über die Abdachung bis an den Rücken von Hohenwestedt, ostwärts bis an das
ostholsteinische Hügelland. Genau dieselbe Bildung und in gleicher
Form wiederholt sich am einstmaligen Nordufer der untersten Elbe, wo
aus der Vertiefung der Burgerau und des Kuden-Sees die steilen, auch
zum Teil waldigen oder buschigen Höhen „der Burg" und des Eddc-
laker Don weithin sichtbar und weitüberschauend emporragen, liebliche
Landschaftsbilder zum Teil nicht ohne einen Anflug von Romantik
darbietend.

Zum viertenmal, um hier von dem Stapelholmer Höhenzuge
abzusehn, erscheint ein solches breit in die Niederung vordringendes
Vorgebirge nördlich der untern Treene in dem Höhenrücken von Ostenfeld und Schwabstedt. Auch hier wie bei den erstgenannten verlaufen
die Höhen in der Richtung nach Norden mehr und mehr in die Ebene,
ohne scharfe Ränder zu bilden. Endlich lässt sich am Norduferr der
Soholmau in dem Langen Berg, der Breedenau oder des Lohbek, in der
Wanghoi eine ganz ähnliche Bildung nachweisen.

Die übrigen Bodenerhebungen des Mittelrückens sind unregel-
mässig verteilt.

In der südöstlichen Platte von Holstein, dem eigentlichen
Stormarn, erhebt sich zwischen der obern Alster und obern Schmalfelder
Aue ein Massengebirge im kleinen, der sogen. Kisdorfer Wohld bis
zu 272'; zwischen Schmalfelder und Osterau dehnt sich die grossen-
teils bewaldete Segeberger Heide aus, nach Westen hin ansteigend,
zuletzt in dem vereinzelten Clausberg; ähnlich vereinzelt wie der Kisdorfer Wohld und noch mehr zusammengedrängt zwischen Oster-Au
und Stör die Boostedter Berge, an die sich in südwestlicher Richtung
der Ketelviert bei Grossenaspe und die Uferhöhen bei Bramstedt
anschliessen.

In der nordwestlichen Platte und zwar zunächst in deren
östlicher Hälfte, dem eigentlichen Holsten, ist eine dem Südrande

an Höhe entsprechende, jedoch nicht uferartig fortlaufende Erhebung des Bodens auch im Norden zu erkennen, der Südrand der Eiderniederung, teilweise zwischen die Nebenbäche der Eider, Jeven-, Luhner-, Haler-, Haner- und Giesel-Aue vor- und eingeschoben, von Heinkenborstel etwa über Hohenwestedt, Todenbüttel nach Hademarschen.

In Dithmarschen setzt sich die Burger Platte, die in ihrer westlichen Hälfte alsbald in die Niederung des Windberger Sees und der Süder Au absinkt, in ihrem östlichen Rande in nördlicher Richtung aufs neue ansteigend über Röst, Arkebeck, Welmbüttel, Tellingstedt als ein sehr ausgesprochener Höhenzug fort, als dessen Fortsetzung jenseit der tiefen Niederung der Tielen Au die Hügelgruppe von Schalkholz, Pahlen und Dörpling angesehen werden kann, die steil aus der Niederung der Tielen Au, sanfter aus der Eider aufsteigt und jenseit derselben in der Geestinsel von Erfde wieder erscheint. In seiner Mitte entsendet jener Zug einen Zweig nach Nordnordost über Bunsoh und einen andern nach Nordwest bis Nordhastedt.

Aus dem schleswigschen Mittelrücken und seinen weiten Heide- und Moorflächen ragen ausser den erwähnten Uferhöhen nur vereinzelte und niedrigere Hügel und Bodenanschwellungen hervor. So nördlich der Niederung des Helligbek die Höhen von Schmedeby, Oeversee, Sankelmark an der obern Treene, zwischen welchen der Trä und Sankelmarker See sich ausbreiten und die Treene mit ihren Zuflüssen sich hinzieht.

Westwärts von der obersten Meynau breitet sich ein Dünensandgebirge aus, das sich in westlicher Richtung noch dreimal, bei Medelsby, Westre, Süd-Lügum und Grellsbüll wieder zeigt, dann in die Niederung des Aventofter Sees absinkt.

Das ganze nördliche Drittel des schleswigschen Mittelrückens hat im Vergleich zu dem mittleren und südlichen einen höheren und fast wellenförmigen Boden: so nördlich der Niederung des Lohbeks mit seinen Nebenbächen (Steensberg 308'), so zwischen den beiden Haupt-Quellflüssen der Nips-Au, der Jarde- oder Gjels-Au und der Gramm- oder Norder-Au, (Fjellumhöi 265'), so endlich nördlich derselben bis zur Königsau; Erhebungen, die zum Teil auf dem hier westlich weit vorgreifenden Geschiebethon liegen.

In Jütland nimmt zunächst an der Westküste der Flugsand einen grösseren Raum ein und dringt nördlich vom Aggerkanal stellenweise weit in das Innere, bis er die nördliche Spitze ganz überdeckt.

Im Gebiete des dann folgenden Heide- und Geschiebesandes herrscht bei vereinzelten Erhebungen die Form der Ebene vor; sie nimmt fast die ganze Westhälfte des südlichen Jütlands bis in die Nähe der südlichen Liimfjordküsten ein, dehnt sich über die westlichen Harden des Amts Aalborg aus und setzt sich auch durch den Westen des nördlich vom Liimfjord gelegenen Dreiecks fort.

3 c. Ein zusammenhängendes, nur durch Seebecken und Förden, vereinzelte Wiesenniederungen und tiefe Thalspalten von teilweise gebirgsartigem Charakter unterbrochenes Hügelland bildet der aus Geschiebethon bestehende Ostrand der cimbrischen Halbinsel, der zunächst durch die mehr oder minder tief eindringenden Förden in eine Reihe von

Halbinseln zerschnitten wird. So viele Halbinseln, so viele grössere und kleinere Gruppen von Hügeln oder Bodenanschwellungen. Die höchsten Erhebungen finden sich beide Male auf der grössten Breite der Halbinsel, in Holstein zwischen der Hohwachter Bucht und dem lübschem Fahrwasser, der Bungsberg 554', in Jütland nahezu in der Mitte des Landes selbst die Eiersbavnehöi 547' hoch. In Schleswig reichen die höchsten Hügel nicht weit über 350' hinauf.

Das östliche Hügelgebiet Holsteins, obwohl gleichmässig über den gesamten Thonboden ausgebreitet, erlaubt zunächst eine Zerlegung in ein südliches Viereck und ein nördliches Dreieck.

Das Viereck lässt sich begrenzt denken durch den Wakenitz-Delvenau-Einschnitt, die Elbe, eine Linie Hamburg-Segeberg und die Spalte des Warder Sees, welche sich durch den Reinsbek nach der Klever Au und so nach der untern Trave hin fortsetzt. Die Abdachung desselben ergibt sich im allgemeinen durch den Lauf der Bille und Delvenau nach Süden, der Wakenitz und Steknitz nach Norden, der Trave erst nach Süden, dann nach Osten. Die Erhebungen sind durch das ganze Gebiet ungleichmässig verstreut; jedoch drängen sich die höchsten Punkte auf einem Striche zusammen, der als südwärts gerichtete Fortsetzung der Höhenzüge westlich und östlich von der Tensfelder Au angesehen werden kann: gerade südlich von dem ersteren zieht sich die Erhebung auf dem östlichen der oberen, dann auf dem westlichen Ufer der unteren Brandsau hin; der Nehmser Berg und die breite Erhebung von Blunk bilden das hohe Südufer des weiten Quellmoors der Tensfelder Au; grade südlich vom Nehmser liegt der 263' hohe Kagelsberg, weiter südlich in ähnlichen Formen der Segeberger Kalkberg, das einzige anstehende Gestein unseres Landes, 297' hoch, steil aus der umgebenden Ebene aufsteigend; weiterhin setzen der Donnersberg mit dem Mözener See an seinem nördlichen Fusse, der von Krems mit dem Leezener See an seinem südlichen Fusse, der Klingberg, 250' hoch am Nordufer der oberen Beste, der Bock- und der 283' hohe Bornberg, die Hügelreihe in fast gerader Südrichtung bis an die Ufer der Bille und Elbe fort.

Das oben genannte Dreieck hat seine Spitze in der Halbinsel von Grossenbrode; seine Grundlinie ist eine gebogene und führt von der Spalte des Warder Sees auf die Tensfelder Niederung, von da am Fusse des Tarbeker Rückens herum nach Bornhöved, einbiegend weiter bis an den Fuss des Zuges, der von Pretz am Postsee und über den Bothkamper See auf das obere Eiderthal abwärts Brügge und Bordesholm streicht, führt weiter am Ostufer dieses Thales längs bis an die Viehburger Höhe, jenseit welches schmalen Joches die Spalten des Eiderthals sofort von der Kieler Förde wieder aufgenommen wird.

Die höchste Bodenerhebung bildet der Bungsberg mit seinem ganzen umgebenden waldbedeckten Hügelland, fast genau in der Mitte einer Linie, die als Grundlinie der verengten ostholsteinischen Halbinsel angesehen werden kann. In nördlicher Richtung setzt sich mit sehr allmählicher Abdachung ein Höhenzug über Mönchneversdorf fort, bald darauf in zwei Aeste geteilt einerseits bis Hansühn, andererseits bis Nessendorf fort; jenseit der genannten Punkte, im wesentlichen jenseit der Lütkenburg-Lensahner Landstrasse geht es rascher zur Küstenebene hinab.

Auch in südlicher Richtung vom Bungsberg und über Schönwalde lässt sich ein Zug erkennen, der südlich des letzteren Dorfes allmählich sinkt, im Gömnitzerberg aber noch wieder zu 326′ aufsteigt. Nach Osten, Nord- und Südosten erfolgt die Abdachung so, dass einerseits die Lütkenburg-Lensahner, andererseits die Schönwalde-Lensahner Landstrasse den Rand der Ebene bezeichnet, welche demnächst in die Niederung des Wesseeker- und Gruber Sees, der weit ausgebreiteten Binnengewässer und Wiesengründe der Neustädter Bucht hinabfällt. Jenseits jener Niederung stellt das noch heute stets sogen. „Land" Oldenburg eine waldlose wellenförmige Ebene dar, deren höchster Punkt mit einer Aussicht bis nach Meklenburg [1]) der Winberg bei Putlos an der hier steilen Nordwestküste aufragt.

In westlicher Richtung breitet sich mit vielen Kuppen zwischen 200 und 300′ das Hügelland unterbrochen nur durch Wasserläufe und Seen bis an die oben aufgestellte Grenze hin aus. Die Seenreihe vom Standorfer bis zum Stocksee liegt insoferne an dem südlichen Fusse dieser bedeutenderen und kompakten Bodenerhebung als südlich derselben, von einzelnen Ausnahmen abgesehen, ein erheblich niedrigeres Wellenland sich ausbreitet, das vorzugsweise nur in dem Rücken des Pariner Berges (442′?) in der steil aufsteigenden Halbinsel zwischen Stock- und Plöner See, in dem Nehmser und dem Grimmelsberg namhaftere Höhen aufzeigt.

In nordwestlicher Richtung endlich dacht sich die Bungsberggruppe in eine Senkung ab, die durch den Lauf der Kletkamper Aue und durch die grosse Futterkamper Wiesenniederung mit dem Sehlendorfer See bezeichnet wird. Aus dieser steigt der Boden gleichmässig an, besonders merklich am nördlichen Ufer der Kossau. Nördlich der Landstrasse Lütkenburg-Kiel, westlich und östlich begrenzt vom Seelenter- und vom Waterneverstorfer Binnensee, nördlich mit den höchsten Kuppen, insonderheit dem Pielsberge, rasch in die Ebene zwischen Meer und Seelenter See abfallend, drängt sich eine Art Massengebirg im kleinen zusammen, das an Höhe (445′) noch erheblich unter dem Bungsberg, doch bei seiner schärferen Begrenzung durch Wasserflächen und engeren Konzentration sich bedeutender darstellt. Südlich der genannten Landstrasse am ganzen westlichen Ufer der Kossau, besonders ansteigend südöstlich und südlich vom Seelenter See, setzt sich dieser Lütkenburger Gebirgsabschnitt in allmählicher Abdachung westwärts auf die untere Schwentine und bis zu dem oberen Ende der Kieler Förde fort, deren östliches Ufer von einer Bodenwelle begleitet wird, die aus der Senkung des Doberstorfer und Passader Sees mit dem Salzauthale aufsteigt.

Mit dem geschilderten Hügellande durch das Joch von Viehburg in schmaler Verbindung, noch auf holsteinischem Boden, aber in unmittelbarem Zusammenhang mit der breiten Wölbung des dänischen Wohld, breitet sich die Westensser Gruppe aus, südwestlich und südlich nach der Nortorfer und Neumünsterschen Niederung, nördlich nach dem schleswig-holsteinischen Kanal und den Küsten des Kieler

---

[1]) s. S. 535.

und Eckernförder Meerbusens abgedacht, östlich durch den langen, wallartigen Uferrand links von der Eider zwischen Bordesholm und Schulensee scharf begrenzt.

Aehnlich wie die Westenseer Berge zur Halbinsel des dänischen Wohld verhalten sich die Hüttener Berge zur Halbinsel Schwansen.

Aus den Bodenwellen des Bisten- und Wittensees im Süden, ganz unvermittelt aber aus der tiefen Niederung der obersten Sorge und des Owschlager Mühlenbaches, will sagen, des einstigen grossen Meerbusens Südschleswigs, erhebt sich wallartig steil, östlich sanfter in die Niederung der Hüttener Au abgedacht, nordwärts bis an die Schlei ausgedehnt, ein Hügelzug, der im Scheelsberg 379' hoch, mehr als irgend ein anderer der Halbinsel gebirgsartigen Charakter zeigt. In nordöstlicher Richtung setzt sich jenseits der genannten Niederung die wellenförmige Bodengestalt, zwischen dem Windebyer Noor und der Niederung des Osterbeks zu einem schmalen Joch eingeengt, auf die Halbinsel Schwansen fort.

Die grosse Halbinsel, welche von Anbeginn der Geschichte ihren Namen bewahrt hat, Angeln, ist von einer Senkung in der Mitte durch Lippingau und Geltinger Bucht in eine nördliche und südliche Hälfte geteilt, deren südliche ihre höchste Erhebung bei Wilthkiel [1]) westlich von Kappeln hat, die nördliche bei Quern im Scherrsberg (255'). Die Halbinsel Sundewith erhebt sich am höchsten in ihrer Grundlinie, östlich der Landstrasse Flensburg-Apenrade (im Tasteberg), bei Quars und Stagehöi, und an ihrer Spitze im Düppelberg 251'. Auch Alsen, ein erst sehr allmählich abgeschnittener Vorposten Sundewiths, kehrt seine höhere Seite dem Meere zu (Höibjerg 280'). Entschiedener als Sundewith hat die Halbinsel Loit ihren Höhepunkt nach der östlichen Küste zu: den Blaabjerg (302'?).

Entgegen der Regel erscheint eine bedeutende Höhe, 330', dicht westlich von der Gjenner Bucht, der Knivsberg und ähnlich die höchste Erhebung des Herzogtums, die Skamlingsbank 398' unmittelbar westlich von der Moswik oder Binderuper Bucht und ihrer Niederung. Ein Zug hervorragender Kegel lässt sich ausserdem von der untersten Koldingau bis zur obersten Förde von Hadersleben, dem sogen. Haderslebener Damm, sowie am Nordufer derselben verfolgen, unter ihnen die höchsten und gehäuftesten westlich von Christiansfeld (Höibjorg 335', Kobjerg 342').

Wellenförmig gehoben ist in Jütland von der östlichen Zone zunächst die Halbinsel von Friedericia zwischen Veile und Kolding, am meisten in der Nähe des Koldinger Fjord. Veile, im tief eingesenkten Wiesenthale gelegen, ist südlich wie nördlich von Höhen umgeben. Von Horsens nach dem Skivefjord, an seinem östlichen Fusse von Viborg bis nach Skanderborg durch eine Seenreihe begleitet, streicht als Westrand des Geschiebethons derjenige Höhenzug Jütlands, in dem sich die höchsten Punkte des Landes finden: der Himmelbjerg und die Eierbavnehöi, beide gegen 550' hoch. Auf der östlichen Seite des Gebiets

---

[1]) Das Wort with wird hier dasselbe sein wie in Sundewith; s. zur Wortdeutung S. 553.

der Gudenau zieht sich ein Rücken auf Aarhus zu; beide Ufer am
Ausgang der Kalöer Bucht sowie der Hintergrund derselben sind mit
namhafteren Hügeln bezeichnet: Jelshöi (401'), Ellemandsbjerg (317'),
Kalö Lavnehöi (333'). Nördlich Aarhus setzt sich die Wasserscheide in
nordnordwestlicher Richtung auf Randers und in nördlicher auf Mariager
und auf Aalborg fort. Im nördlichen Dreieck zieht sich der sogen. Jydske
Aas mit der Tinghöi und Alleruphöi in nordnordwestlicher- Richtung
durch das südöstliche Viertel. Ausserdem steigen besonders südlich
nahe und südwestlich weiter von Frederikshavn vereinzelte Hügel auf.

4. Das somit gewonnene Bild von der Oberfläche des cimbrischen
Bodens findet eine weitere Verdeutlichung durch eine Uebersicht
seiner Gewässer.

4 a. Bemerkenswert ist hier vor allem das tiefe Eingreifen der
Nordsee in das Land. Die Wasserscheide zwischen Nord- und Ostsee
geht von dem Rücken zwischen Steknitz und Delvenau südwestlich von
Mölln in einer vorwiegend nordwestlichen Richtung auf den Bockberg
zu und die Mitte des vormaligen Alsterkanals zwischen Alster und Beste.
Von hier an nimmt sie eine nördliche Hauptrichtung bis Bornhöved,
von wo sie mit leiser Ablenkung nach Westen über Kirch-Barkau bis
an das oben erwähnte Viehburger Hügeljoch, d. h. also bis auf wenige
Minuten vom Kieler Meerbusen ausgreift. Sie begleitet in geringem
Abstande das linke Ufer der Kieler Förde bis etwa Christinenhöh,
wendet sich dann quer durch den dänischen Wohld über Hohenlieth auf
den Rücken dicht südlich am Windebyer Noor und weicht von hier an in
südwestlich vorspringendem Bogen auf den Südfuss der Hüttener Berge
zurück, deren westliche Abdachung sie bis Breckendorf begleitet. Von
hier biegt sie in nordwestlicher Richtung ab, auf die hohen Ufer des
Selker Noor und der obersten Schlei zu, an deren Fuss sie sich anschliesst. Auf schmalster Enge zwischen Lürschauer See und der
Niederung des Langsees hindurch und westlich um den Idstedter See
herumgehend, läuft sie auf die bekannte Höhe von Oberstolk zu, von
da auf Satrup und wieder der Ostküste zustrebend bis an die Abdachung des Scharsberges. Von hier geht sie gerade westlich wieder
zurück, um in ähnlicher Weise wie bei der Schlei die Höhen an der
Spitze der Flensburger Förde zu umspannen und wieder, wie bei der
Kieler Förde, das Nordwestufer bis weit hinein in die Halbinsel Sundewith zu begleiten. Die oben erwähnten Höhen setzen ihr hier eine
Grenze. Im Halbkreis umzieht sie dann die Apenrader Bucht und
dringt aufs neue tief in die Halbinsel Loit vor. Von dort nordwestwärts gewendet, umzieht sie in grösserem Abstande die Spitze der
Haderslebener Förde und behält dann eine nördliche Hauptrichtung
auf die Erhebungen bei Christiansfeld zu und mit kleineren Abweichungen
bis an die Grenze des Herzogtums.

In Jütland zieht die Wasserscheide um den Koldingfjord in ähnlicher Weise herum wie an den schleswigschen Buchten, nicht mehr
ganz um den von Veile; sondern westlich schlägt sie zunächst bis
nahe dem 50. ° Parallelkreise eine nördliche, dann an der vorerwähnten
Erhebung entlang eine nordnordwestliche Richtung ein bis westlich von
Viborg; von da, Viborg umkreisend, wendet sie sich plötzlich scharf

gerade ostwärts bis nahe vor Randers, eine kurze Strecke nördlich,
dann wieder nordwestwärts an Hobro vorbei, von wo an sie sich bis
Aalborg ziemlich gerade nordwärts fortsetzt. Im nördlichen Drittel
bildet der Jydske Aas den Rücken, von dem aus in noch entschiedenerer
Weise als schon im Aalborger Amt eine Abdachung und Entwässerung
nach allen vier Seiten stattfindet.

Diese Herrschaft des Westmeeres über das Land zeigt sich noch
deutlicher und greifbarer in dem Eindringen der Flut in die Elbe bis
4 Meilen über Hamburg hinaus, in die Stör bis über Kellinghusen hinaus,
in die Eider bis über Rendsburg hinaus, wo der mittlere Unterschied
zwischen Flut und Ebbe noch 3 ½' beträgt. Bezeichnender vielleicht
noch ist die folgende Thatsache, die meines Wissens bisher ganz un-
beachtet geblieben ist: Kaum 1 Meile von der Ostseeküste, auf der
Kiel-Eckernförder Chaussee beweisen die sämtlichen Obstbäume mit
ihrem gegen Westnordwest gekehrten Rücken, wie fühlbar noch an
der äussersten Ostgrenze des Landes der furchtbare Gebieter der Westsee ist, der über die südschleswigsche Niederung daher fegt.

4 b. Aus der nachgewiesenen Abdachung des Landes ergibt sich
die Thatsache, dass die bei weitem längsten und zahlreichsten Flüsse
der Nordsee mittelbar oder unmittelbar zufallen müssen.

Delvenau, Bille, Alster bezeichnen eine südliche, Pinnau und
Krückau eine westliche Abdachung Lauenburgs und des südlichen Holsteins. Weit ausgreifend dehnt sich das Netz der Störgewässer bis in
die Nähe von Leezen, Segeberg und Bornhöved, von Bordesholm und
Nortorf und dann bis an den oben erwähnten Höhenrücken von
Heinkenborstel, Hohenwestedt und Hademarschen aus. Die Eider, ziemlich auf der Mitte der geraden Verbindungslinie zwischen Neumünster
und Pretz im Gute Löhndorf entspringend, macht sozusagen drei ver-
gebliche Versuche, dem nächsten Meere, der Ostsee, zuzustreben: der
erste endet im Bothkamper See am Fusse der Schönhorster Höhen, der
zweite im Schulensee am Fusse des Viehburger Riegels, der dritte im
Flemhuder See, der Senkung vor dem Rücken des dänischen Wohld.
Von da an ergibt sie sich in die Westrichtung. Die Unzahl ihrer
grösseren und kleineren Biegungen zeugt von der Flachheit der oben
geschilderten Tiefebene. Tributpflichtig ist ihr die ganze nördliche Abdachung des eigentlichen Holsteins und Dithmarschens, welche von
vielen Auen durchzogen von Nortorf über Hohenwestedt bis Heide in
ziemlich gleichem Abstande den Hauptfluss begleitet. In Schleswig,
wo sie den Abfluss des Wittensees, aus dem Bistensee die Sorge, aus
dem Träsee die Treene mit Helligbek und Rheider Au links, dem
Jerrisbek rechts aufnimmt, fällt die östliche Grenze ihres Gebiets mit
der Wasserscheide zwischen Ost- und Nordsee zusammen, die westliche
dagegen, etwa durch die Höhen bei Flensburg und den Uferrand bei
Wanderup, Jörl und Ostenfeld bezeichnet, begleitet die Treene bis nach
Schwabstadt in geringem Abstande. Die Eider ist gegenüber ihrer
Länge von etwa 20 Meilen und im Vergleich mit andern berühmteren
Flüssen von mehr als dreifacher Länge, z. B. der Weser, dem Guadal-
quivir u. a., ein wasserreicher, breiter Fluss schon bei Friedrichstadt,
noch mehr bei Tönning von gewaltiger Fülle und Strömung.

Unmittelbar westwärts des westlichen Ufers der Treene und des Jerrisbek entspringen die kleineren Bäche der Arl- und der Soholmau. Dagegen dringt das Geäder der Widau, ausgebreitet zwischen den Landstrassen Flensburg-Leck einerseits und Apenrade-Lygumkloster andererseits quer über das Land bis in die Halbinsel Sundewith ein; südwestlich von Tondern erst nachdem von allen Seiten die Quellbäche, deren grössere Zahl von den Apenrader und Sundewither Höhen in südwestlicher Richtung herabkommt, sich vereinigt haben, nimmt die Widau auf Hoyer zu einen nordnordwestlichen Lauf.   Beschränkter ist das Gebiet der Brederau, deren bedeutendster Quellbach in gerader südlicher Richtung von Höirup, nahe der Gjelsau, bis nach Lygumkloster fliesst, wo die Wendung nach Westen beginnt und allmählich in die gerade nordwestliche übergeht.   Dagegen breitet sich das Netz der Nipsau mit ihren Nebenbächen von dem Fusse des Steensbjerg, der oben erwähnten Höhen bei Hadersleben und bei Christiansfeld in durchweg nordwestlicher Richtung wieder fast durch die ganze Halbinsel aus.   Die vielgenannte Königsau ist bemerkenswert durch die kleine Zahl von Nebenflüssen und die tiefe Einsenkung ihres Bettes, namentlich im Unterlaufe.

In Jütland liegen die Quellen der grösseren Auen der westlichen Abdachung bis über die Höhe von Horsens hinaus wie in Schleswig dicht am Westfusse der Wasserscheide, d. h. unweit der Höhen an den Spitzen der Förden. Die südlichste der drei hier in Betracht kommenden, die Vardeaa, gelangt in einem nach Südwesten gerichteten Bogen in die lange Bucht von Höi, die mittlere, Skjernaa, westwärts gerichtet, in den grossen Küstensee des Ringkjöbingfjord, die dritte, Storeaa, nordwestlich gewendet, in den Nissumfjord, eine vierte, deren Quellen denen der vorhergehenden nahe liegen, die Skiveaa, läuft nördlich in den Skivefjord; da nun auch kleinere Bäche in südlicher Richtung in die Königsau führen, so tritt für die westliche Hälfte des südlichen Jütland, von der Ostseite abgesehen, eine allseitige Abdachung hervor.

4 c. Nach der Ostseite lassen sich längere Wasserläufe nur in der holsteinischen und der jütischen Verbreiterung der Halbinsel erwarten.

Die Gudenaa, einige Meilen nördlich von Veile entspringend, fliesst in nördlicher Richtung dem Mossee zu, durchzieht die ganze Seenreihe am Fusse des Himmelbjergs und verlässt den Silkeborg Lang Sö als ein für Böte und Prahme 11 Meilen lang schiffbarer Fluss. Den Abstand von der Ostküste festhaltend, wendet er sich einige Meilen südöstlich von Viborg nach Osten und Nordosten herum und mündet nach 19 Meilen Laufes in den Randersfjord.

Die Schwentine, dem Südabhange des Bungsberges entspringend, deutet in ihrem gerade südlichen obersten Laufe bis zum Stendorfer See durch eine Senkung zwischen den Schönwalder und Bergfelder Höhen auf den sehr raschen Abfall des höchsten Buckels der holsteinischen Hügellandschaft nach Süden. Aus dem Stendorfer gelangt sie in den Sibbersdorfer See, darauf, den Euliner in seiner westlichen Ecke kaum berührend, durch den Keller- und Dieksee in das Hauptbecken, den grossen Plöner See; zwischen dem kleinen Plöner und dem Lanker

See tritt sie, stellenweise seeartig verbreitert, als Flusslauf wieder hervor, verlässt den letzteren bei Pretz, durchfliesst dann anfangs eine offene
Wiesenniederung, von Rasdorf an aber bahnt sie sich zwischen hohen und
zum Teil waldbedeckten Ufern eine oft sehr enge und gebirgsartige
Schlucht bis zum Kieler Busen. Durch den grossen Plöner See nimmt sie
die gleichfalls in tiefer und eingeengter Bodenspalte durch bedeutende
Höhen nordwärts durchbrechende Tensfelder Au, durch den Postsee vom
nördlichen Abhang der Bornhöved-Tarbeker Höhe her die Depenau,
durch denselben See die ihr parallel, aber in entgegengesetzter Abdachung vom Fuss der Elmschenhagener Höhe aus dem Wellsee kommende Wellau auf.

    Einen sehr eigentümlichen, für die Bodenverhältnisse aber bezeich-
nenden Lauf hat die Trave. Sie entsteht eben westlich von dem scharf
abfallenden Westufer der Schwartau, nördlich von Giesselrade, geht in
südwestlicher Richtung in den Wardersee, von dem aus sie sich westwärts wendet, bis sie auf die oben erwähnten Bodenerhebungen unweit
Segeberg stösst. Von hier bis Oldesloe geht sie südlich, meist in einer
tiefen, oft auch engen Bodenspalte, die sie von Oldesloe in ostnordöst-
licher Richtung bis nahe vor Lübek leitet, dann aber sich erweitert
und verflacht. Auf einem Laufe von nur 14 Meilen zieht dieser von
Oldesloe an bereits fahrbare, von Lübek an schiffbare tiefe und wasser-
reiche Fluss eine grössere Anzahl von Bächen und Seeabflüssen an sich:
von links die zahlreichen Auen, die in der langen Spalte des Warder-
sees stagnieren, die Heilsau (Cuserin) bei Reinfeld, die westlich von
Eutin entspringende, durchweg in tiefem Wiesenthale fliessende Schwartau
(Zwartowe) bei den Resten von Alt-Lübek; von rechts die Brandsau
oberhalb Segeberg, den Abfluss des Leezener und Mözener Sees, die
Beste von der östlichen Abdachung des Kisdorfer Wohlds her, welche
ihrerseits von Süden unweit der Billequellen die Barnitz (Berneze, Bor-
neze, Sülze) aufnimmt, dann die Steknitz, den Abfluss des Möllner
Sees, verstärkt durch die Steinau, deren Quellen sich mit denen der
Barnitz berühren, endlich den breiten Abfluss des Razeburger Sees,
die Wakenitz (Wocnice, Wockence, Wokeniz).

    4d. Zahlreich sind, obwohl eine bedeutende Anzahl zu Wiesen und
Mooren aufgewachsen, andere im Aufwachsen sind, noch immer auf der
Halbinsel und besonders wiederum auf ihren grössten Breiten, der holsteinischen und jütischen, die See n und zwar sowohl die Küsten- oder
Binnenseen, wie die eigentlichen Landseen. Wie in Jütland die längste
und bedeutendste Seenreihe den Fuss der höchsten Erhebung des Landes
begleitet, so haben auch in Holstein die beiden wichtigsten Seenzüge
die unverkennbarste Beziehung zu dem oben vom Bungsberg aus nach
Westen verfolgten Hügelzug. Die Seen von Stendorf, Sibbersdorf, Eutin
und der Kellersee erscheinen wie ein Saum um den Fuss des Bungs-
bergs und seiner nächsten südwestlichen Nachbarberge; auch am Diek-,
Behler-, Schöh- und kleinen Plöner See, am Lanker-, Post- und Bothkamper See überhöht das nördliche Ufer das südliche. Der grosse
Plöner stellt auf der Halbinsel Godau im Süden den nördlichen eben-
bürtige Höhen entgegen, auch der Schmalen- und Stolper See ruhen
in der nördlichen Abdachung der entsprechenden Höhe. Wenn so der

höchste Rücken des holsteinischen Landes südwärts mit einem Kranze
stehender Gewässer eingefasst ist, so fehlt es selbst, um die Analogie
mit den Alpenseen vollständig zu machen, auch am Nordfusse an einem
solchen nicht. Der Seelenter schiebt sich dicht an den Fuss des Lütkenburger Berglandes heran, ist mithin im Osten und Süden von bedeutenden Höhen überragt, im Norden von einer wellenförmigen Ebene
begleitet. Genau so liegt der Doberstorfer und seine Fortsetzung, der
Passader See [1]). Ebenso verzweigt sich der kreuzförmige, vielarmige
Westensee mit dem Flembuder an dem nördlichen Abhang der kleinen
Alpenlandschaft, die er als der Vierwaldstädter See Holsteins belebt
und verschönt.

Dieselbe Bodenform wiederholt sich auch in Schleswig: in ausge-
prägterer Gestalt durch den Witten- und Bistensee am Fusse der Hüttener
Berge und ihrer südlichen Fortsetzung den Duvenstedter Hügeln an der
Basis der Schwansener Halbinsel, im Lürschauer, Gammelunder und
Sankelmarker See am Fusse des Angler Plateaus, im Seegardener und
Hostruper See am Fusse des Sundewith und des westlich abschliessenden
Höhenzuges. Der Bottschlotter und Aventofter Binnensee sind Reste
einstiger Meeresarme, was der erste nach Dankwerth noch im 17. Jahr-
hundert gewesen sein muss.

5. Diese verschiedenen Gewässer, Meerbusen und Küstenseen,
Flüsse und Landseen, Moore und Niederungen verursachen in ihrem
Zusammenwirken eine Zerschnittenheit des Bodens der Halbinsel, welche vielfach in der Geschichte des Landes wirksam geworden ist.

Alle vier Herzogtümer, aus denen das Land besteht, sind in der
Hauptsache durch Flussthäler geschieden und begrenzt.

5a. In Holstein treffen die alten Gaue der Totmarsgoi, Holcetae
und Sturmarii mit den oben nachgewiesenen natürlichen Bodengebieten
Dithmarschen, Holsten, Stormarn zusammen; Wagrien und Lauenburg
beruhen zugleich auf landschaftlicher Sonderung. Durch die niedrige
und öde Mitte geschieden treten in der südlichen Hälfte Schleswigs
der anglische Osten, der friesische Westen scharf auseinander. Unter-
schiedsloser ist Bildung wie Bevölkerung ist die nördliche Hälfte. Jütland zeigt trotz grosser Zerschnittenheit die dem südlichen Teile der
Halbinsel eigentümliche Besonderung und Mannigfaltigkeit nicht.

Aber auch innerhalb der genannten Teile gibt es kürzere
Bodenabschnitte beachtenswerter Art.

Eine völlige Insel, wenngleich jetzt nur noch durch ein seichteres
und schmäleres Gewässer getrennt, als das flache, an drei Seiten von
Küstenseen zerrissene, wahrscheinlich einst landfeste Fehmarn, ist
das „Land Oldenburg", durch dessen oben erwähnte Niederung 1872
der Nordoststurm in rasender Eile eine gewaltige, wallartig abfallende
Flutwelle vom Gruber bis zum Wesseeker See hinüberjagte. Ein zweiter

---

[1]) Diese Bodenverhältnisse kommen in dem bezüglichen Teil des Strassen-
netzes zum klaren Ausdruck: die Landstrassen Kiel-Lütkenburg-Oldenburg und
Kiel-Preتz-Plön-Eutin-Oldenburg schliessen genau den höchsten Teil des Hügel-
landes ein.

Abschnitt von der Kieler Förde durch die Schwentine und die Seenreihe bis Eutin fortgesetzt, an mehreren wichtigen Uebergängen
gangbar, wird zwischen dem Südostende des Stendorfer Sees und dem
Neustädter Binnengewässer mit seinen Zuflüssen durch einen schmalen
Isthmus unterbrochen, eine Enge, die eben südlich von Kasseedorf, richtiger Kassiersdorf, überdies durch den Quellteich der Sierhagener Au
auf eine Viertelstunde zusammengedrängt und durch die Waldung
Ochsenhals gesperrt ist. Ein sehr schmaler Pass nur liegt zwischen
dem Schluen- und Trammersee und dem tief eingesenkten Wiesenthal der am Fusse der Lütkenburger Höhen vorbei in den Binnensee
von Neudorf und Waterneversdorf mündenden Kossau; ein Abschnitt,
der in südlicher Richtung von dem kleinen und grossen Plöner See, der
Tensfelder Au, ihrem grossen Quellmoor, das sich in ungangbarer
Niederung nach Süden bis Brandsmühle fortsetzt, — einst ein See von
dem Umfang des Plöner — der Brandsau, der Trave, der Barnitz bis
in die Nähe der Quellen von Bille wie Steinau fortgeführt wird. Eine
Stunde westlich von dem Uebergangspunkte über die Niederung der
Tensfelder Au, getrennt durch den oben erwähnten Tarbeker Kegel,
beginnt mit dem kurzen aber wasserreichen Borubek und dem Belauer
und Stolper See der Abschnitt der Depenau, die durch den Postsee in
die Schwentine fliesst. Parallel, aber weiter nördlich fortgesetzt, zieht
das tiefe Wiesenthal der obern Eider von Brügge bis zum Schulensee
mit den Brückenpässen Vorde und Hammer; auch der rechte Winkel,
den dasselbe Thal von hier nach dem Westensee und von dort nach
dem Flemhuder See und dem Eiderkanal mit sich selber macht, mit dem
Brückenpass Achterwehr, stellt ein für die Halbinsel Dänischwohld
bedeutsame Zerschneidung des Bodens dar.

Im Westen zeigt das selbst inselartig abgesonderte Dithmarschen
innerhalb seiner Grenzen weitere nicht bedeutungslose Unterbrechungen
des verkehrsfähigen Bodens durch ungangbare Niederungen [1]). Unter
den grösseren derselben ist die südlichste die des Windberger Sees mit
der denselben durchfliessenden Süderau, die zweite die des Fiebler Sees
mit der Miele, deren südlicher Zufluss zusammen mit der Süderau
den Meldorf-Bargenstedter Höhenzug zu einer vollständigen Insel, den
Rücken von Heide zu einer „Festinsel" macht, die von Nord nach Süd
gerichtet sowohl in der Höhe von Hemmingstedt, als in der Düne von
Stelle und Lunden eine Fortsetzung findet. Die dritte Niederung ist
die der Broklands- und Tielenau, welche mit der Eider zusammen das
nördliche Viertel des Landes zu einer Insel gestalten. So konnte ein
von Osten auf dem Landwege eindringender Feind die alte Hauptstadt
des Landes, Meldorf, entweder — wie 1500 — nur auf einem langen
Umwege über Frestedt und Windbergen oder durch den gefährlichen
Pass der Dellbrücke erreichen, Heide, die spätere Hauptstadt, entweder
nur auf der schmalen Enge der Süderhamme, durch die „Schanze"
zwischen der zweiten und dritten Niederung oder — wie 1559 — durch
den gleichfalls bedenklichen Engpass der Tielenbrücke.

---

[1]) Vgl. die lehrreiche Abhandlung: Kolster, Burgen und Düfte des alten
Dithmarschens. Meldorfer Programm 1852 und 1853.

5 b. In Schleswig tritt uns vor allem ein Abschnitt von überragender geschichtlicher Bedeutung hervor; gemacht durch die tiefe und reissende unterste Eider, durch die untere Treene, die mit Leichtigkeit bis Hollingstedt aufwärts zu einem grossen See erweitert werden kann, — 1850 erweitert war — durch die Niederung der Rheider Au, an welche sich, um die schmale gangbare Enge zu sperren, das Danewerk anschliesst, dann durch die oberste Schlei, die grosse Schleibreite, den sich in sie ergiessenden Osterbek, dessen oberster Lauf und Wiesenniederung von dem Windebyer Noor, d. h. vom Eckerförder Meerbusen nur durch einen schmalen Rücken bei Kochendorf getrennt wird: eine Stellung, wenn ausreichend besetzt, von um so grösserer Stärke, als sie nach beiden Seiten eine wirksame Flankendeckung zur See und auf der freien vorliegenden Ebene offenen Einblick in die Bewegungen des Feindes gestattet; eine Stellung von solcher Bedeutung, dass sie die Stadt Schleswig und das Territorium Schleswig geschaffen hat. Ein zweiter nicht unwichtiger Abschnitt, wie der vorerwähnte gegen Süden, so gegen Norden gerichtet, ist die eben östlich vom Lürschauer See beginnende Spalte des Langsees mit seiner kleineren westlichen und seiner bedeutenderen und wirksameren östlichen Verlängerung durch den Wedel- oder Wellbek, dessen Niederung bis an den Fuss der Wilhkieler Höhe reicht; eine Stellung, 1850 von Willisen gut gewählt, von Horst glänzend verwertet, von Willisen schmählich verlaufen. Noch einmal wird durch die Bondenau, den Träsee, die Treene und den Sankelmarker See die Südnordstrasse quer durchschnitten. An Wichtigkeit dem Schlei-Treeneabschnitt nahe kommt der Alsener Sund mit seiner Verbreiterung der Alsener Förde. Das tief und breit eingesenkte Bette der Königsau deutet auf einen einstmaligen Meerbusen, der selbst bis etwa Kjöbenhoved d. h. bis in die Mitte des Landes von Westen her eingreifend, durch einen noch nachweisbaren See bei Hjarup und den Koldinger Fjord aufgenommen und durch die Breite der Halbinsel fortgesetzt die wichtige Scheidung mit bewirkt, welche staatlich und sittlich die hier aneinander stossenden Bevölkerungen trennt[1]). In Jütland haben die vorhandenen, zum Teil viel stärkeren Durchschneidungen des Bodens bedeutsamere politische Einwirkung nicht gezeigt.

Als Ganzes erscheint die cimbrische Halbinsel kaum aus dem Meere emporgetaucht, im einzelnen auf Schritt und Tritt durch Wasser oder die verschiedenen Zwischenformen zwischen Festem und Flüssigem zerschnitten.

6. Auf der so dargelegten Gestaltung und Lage der cimbrischen Halbinsel beruht ihr Wegenetz.

An sie heran führen und zwar zunächst an ihren südlichen Fuss drei Hauptstrassen, von denen je zwei Doppelstrassen sind: eine Doppelstrasse zur See und zu Lande, selbst wieder aus vielen Strängen zusammengesetzt, von Westen und Südwesten, die Elbe und die holländisch-niederdeutsche Küstenstrasse; eine Doppelstrasse zur See und zu

---

[1]) S. Geers, Geschichte der geographischen Vermessungen Nordalbingiens. Berlin 1859.

Lande, gleichfalls aus vielen zusammengedrängt, von Osten und Nordosten, die Lübeker Bucht und die pommern-meklenburgische Küstenstrasse; endlich eine Landstrasse von Süden, aus einer Unzahl strahlen-
förmig von beiden Seiten zusammenfliessender Nebenwege verdichtet,
und eine Flussstrasse von Südosten, das weit verzweigte Elbenetz.

An die Westküste führt, abgesehen von den einst gesuchten
Einfahrten in die Knudetiefe nach Ripen, in die Lister Tiefe nach
Hoyer und Tondern, sowie von dem Heverstrom und dem künstlich
gehaltenen jütischen Hafen Esbjerg, nur noch die Eidermündung; an
die Ostküste aus allen Richtungen der halben Windrose so viele, als
Häfen offenstehen sie aufzunehmen.

Von Norden, d. h. von Skandinavien her, fand der gerade südwärts
gerichtete Ankömmling auf dem öden, schwer umbrandeten Sand-
rücken von Skagen keine wirtliche Stätte; der skandinavische Verkehr
musste sich, sei es zur See, sei es zu Lande, in die Oststrassen drängen,
in dem südlichen Schweden an verschiedenen, durch verschiedene Ziel-
punkte bestimmten Plätzen sich sammeln, um von da an die Halbinsel
zu gelangen. Den dichtesten und ununterbrochensten Strom des Verkehrs musste der durch Sund und Belte nur im Winter öfter ge-
hemmte Landweg über Seeland und Fühnen an sich ziehen.

Durch das Land selbst erzeugen sich mit Notwendigkeit zwei
Strassen, die an Wichtigkeit und Bedeutung allein und in erster
Linie stehen: eine Querstrasse und eine Längenstrasse. Die
Querstrasse (1) muss das Bestreben haben, der Basis der Halbinsel
so nahe wie möglich zu kommen; denn die, in jedem langgestreckten
Binnenmeer gegebene, Achsenströmung vom äussersten Nordosten, Riga,
Nowgorod oder Petersburg, bis zum äussersten Südwesten, Amsterdam,
Antwerpen, London, hat notwendig das dringlichste Interesse, einmal
durch den Riegel der cimbrischen Halbinsel statt um ihn herum zu
gehen und sodann auch, so wenig wie möglich von ihrer Richtung ab-
gelenkt zu werden, d. h. nach möglichst ausgedehnter Benutzung des
Wassers der Lübeker Bucht und der Trave auf kürzester Linie den
geeigneten Punkt im Fahrwasser der Elbe und der Nordsee zu erreichen [1].

Dieses Bestreben zeigt seine Stärke in dem vergleichsweise ausser-
ordentlich frühen Versuch Lübeks, im Einverständnis mit Hamburg,
eine künstliche und zwar eine Wasserstrasse herzustellen, die 1391—
1398 zwischen Steknitz und Delvenau, d. h. Trave und Elbe in einer
Länge von 30 Meilen bei einem geraden Abstand von 9½ Meilen ge-

---

[1] Begreiflicherweise nicht um etwa noch eine Einwirkung auf das jetzt
zur Ausführung gelangende Nordostseekanal-Projekt zu üben, sondern nur um aus
den gefundenen Verkehrsbedingungen unserer Heimat die sich aufdrängende Folge-
rung zu ziehen, bemerke ich, dass vom theoretischen Gesichtspunkte aus für jenen
Wasserquerweg gar keine andere Linie in Betracht kommen könnte als die von
Travemünde nach Hamburg oder auch die von Neustadt durch das Trave- und
Störthal nach St. Margareten. Der Travemünder Hafen mag seicht sein, der Kieler
vortrefflich und schon soweit ausgebaut, ausserdem auf preussischem Gebiete gelegen sein: angesichts der Summen von Zeitgewinn für die folgenden Jahrtausende
würden Römer den geraden Weg für den besten gehalten haben.

graben oder vertieft wurde und im Jahre 1853 noch immer von rund
600 Fahrzeugen im Jahre durchmessen zu werden pflegte. Eine zweite
Unternehmung, demselben Triebe entsprungen, führte Hamburg 1525
nach langen Anläufen aus, nämlich den sogen. Alsterkanal, eine Verbindung der Trave und Alster vermittelst der Beste, aber in so mangel-
hafter Weise, dass die Benutzung desselben bereits nach 25 Jahren
wieder aufhörte.

Die Längenstrasse (1), bei Kolding[1]) oder auch Hadersleben
aus der cimbrischen Nordsüd- und der skandinavischen Nordost- und
Ost-Weststrasse vereinigt, muss in möglichst gerader Richtung das südliche Thor der Halbinsel zu gewinnen suchen, umgekehrt der durch
dasselbe Thor von Süden einströmende Verkehr, teils gerade nordwärts
sich auf Aalborg und Skagen, teils von Hadersleben oder Kolding ab-
biegend auf Kopenhagen und Malmö richten. So folgt sie im grossen
und ganzen dem westlichen Rande des Geschiebethons, streift entweder die Spitzen der Förden oder überschreitet sie unter geeigneten
Bedingungen nahe ihrem obern Ende. Von Schleswig an hört der
Parallelismus mit der Küste auf, die von Eckernförde an die Ostrichtung
einschlägt. Die von Norden kommende Verkehrsströmung musste in
ihrer südlich gerichteten Tendenz den geeignetsten und zugleich ge-
legensten Uebergangspunkt über die Eider suchen. Hier kam ihr gewiss
schon in urältester, nachweisbar in der Frankenzeit der Südnordverkehr
von der Elbe her entgegen. Für diesen aber konnte es gegen die
dänische Südgrenze keinen selbstverständlicheren Weg geben, als den
auf dem Fluss- oder Meeresufer, dem Don oder Kleve, über Wedel,
Uetersen, Elmshorn zunächst bis Steinburg. Hier hatte man die Wahl,
einen sehr bedeutenden und unsichern Umweg ins Innere hinein ein-
zuschlagen oder die aus dem kurzen Abstande von etwa 2 Kilometern
einladende Höhe von Nordoe und den waldigen Uferrand von Itzehoe
zu erreichen, d. h. also wie so oft den Uebergang vermittelst eines
natürlichen Schrittsteines in der Niederung zu versuchen. So hatte
man Schleswig gerade nördlich vor sich, an den Inseln der Eider einen
bequemen Uebergangspunkt und über Hohenaspe und Hohenwestedt,
über die Jevenau bei Jevenstedt bis dicht vor Rendsburg festen
Boden unter den Füssen von Ross und Mann.

Als eine durch die Verbreiterung der Halbinsel in Holstein be-
dingte Gabelung der herrschenden Längenstrasse muss schon die von
Flensburg über Missunde nach Eckernförde gerichtete angesehen werden,
entschiedener ist es die von Schleswig an die Eckernförder und Kieler
Bucht, von da ursprünglich wohl über Bornhöved, Tensfelder Au,
Schlamersdorf, Gnissau, später über Pretz, Plön, Ahrensbök nach Lübek
führende Strasse anzusehen (1a), die von dort aus teils über Razeburg und Mölln nach Lauenburg weiterführt, teils der meklenburgi-
schen Gesladestrasse entgegen kommt. Demselben Zwecke dient die
südlichere Gabelung von Rendsburg aus über Neumünster und Sege-

---

[1]) Der Kürze wegen sind die natürlich gegebenen Ansiedlungspunkte nicht,
wie sie streng genommen sein sollten, nach ihrer geographischen Belegenheit
auf einem unangesiedelt gedachten Boden, sondern nach den von ihnen bedingten
Ortschaften aufgeführt.

berg (1b), von da einmal nach Oldesloe, Trittau, Lauenburg und dann
auch über Zarpen oder Reinfeld nach Lübek.

Als zweite Längenstrasse (2) lässt sich der nord-südlich die
Ostküste begleitende Seeweg ansehen, der mit geringer westlicher Ab-
lenkung durch den kleinen oder mit geringer östlicher Ablenkung durch
den grossen Belt in der bequemen Einfahrt und Tiefe der Kieler Förde
sein Ziel findet, sofort aber auf dem Lande seine Verlängerung sucht.
Dieser Verkehr erzeugt die Nordsüdstrasse über Neumünster nach
Hamburg, welche früher die Boostedter Höhen östlich umgehend auf
Schmalfeld, seit 1832 mit westlicher Umgehung auf Bramstedt führt.

An dritter Stelle erst, der geringeren Verkehrsfähigkeit des
Westens zu Land und Wasser entsprechend, steht die westliche Gestadestrasse (3), welche von Aalborg an, den Liimfjord westlich und
östlich umgehend, einerseits über Thisted und den Oddesund, andererseits über Viborg nach Holstebro, weiter über Ringkjöbing und Varde
auf den bequemen Uebergang bei Ripen und von hier dem Don folgend
über Tondern und Bredstedt nach Husum führt, wo sie in ältester Zeit
durch den Eider-Meerbusen eine Unterbrechung erfuhr und zu einer
Gabelung auf Rendsburg genötigt ward. Allmählich bei zunehmender
Sicherung des Verkehrs durch jene Niederung musste die Strasse sich
über die Eider auf Lunden, Heide, Meldorf fortzusetzen suchen. Hier
war eine zweite Ablenkung von der Südrichtung nicht sowohl durch
die Bodenbeschaffenheit, als durch die Richtung des untersten Elbstroms
bedingt und zwar auf Itzehoe [1]), wo die westliche Gestadestrasse muss neue
mit der östlichen zusammenläuft.

Nächst der herrschenden Querstrasse zwischen Trave und Elbe
ist der in Lübek sich häufende Verkehr auch auf anderen, namentlich
nach dem durch mancherlei Beziehungen mit ihm verbundenen Dithmarschen wieder ausgeströmt. So entstand die Strasse Lübek-Meldorf (II),
und zwar in zwei Linien, einmal über Segeberg, Bramstedt, Steinburg,
Itzehoe, sodann über Segeberg, Neumünster, Hohenwestedt, Hademarschen, die sogen. lübsche Trade, welche von Neumünster an zugleich den ganzen Verkehr aus der wagrischen Nordostecke von Lütkenburg, Oldenburg, Neustadt über Plön und Bornhöved an sich zog und
weiterführte. An beide Linien schlossen sich Verästelungen, von Itzehoe nach Wilster, Krempe, Glückstadt, von Meldorf nach Heide und
Tönningen an. Quer durch die ganze Breite der Halbinsel wirkte die
Anziehungskraft Hamburgs auf den Verkehr des ganzen östlichen
Wagrien, der von Heiligenhafen über Oldenburg und Eutin oder
Oldenburg und Neustadt in paralleler Richtung mit beiden Küsten, den
Neustädter Binnensee nördlich und südlich umgehend, sich bewegte,
in Segeberg wieder zusammenfloss, um von hier entweder in Oldesloe
sich an die Lübek-Hamburger Hauptstrasse anzuschliessen oder gerade-
aus das rechte Ufer der Alster und so Hamburg zu erreichen (III).

---

[1]) Dieselbe hat jahrhundertelang den Umweg über Hademarschen und
Hanerau, den einzigen schmalen Isthmus in Dithmarschen hinein passieren müssen.
Erst am Ende des sechzehnten Jahrhunderts entschloss sich Dithmarschen, den
Damm durch die Niederung der Holstenau über Hohenhörn zu schlagen. Die noch
nähere Chaussee über Hochdon ist erst 1857 gebaut.

Eine vierte Querstrasse von Bedeutung ist die von Kiel nach dem ältesten Schiffbarkeitsanfang der Eider, Flemhude oder späteren Rendsburg (IV), die seit der Erbauung des schleswig-holsteinschen Kanals (1777—81) zugleich eine Wasserstrasse wurde, noch immer von einigen Tausenden von Schiffen benutzt, und in nunmehr absehbarer Zukunft einer überaus bedeutsamen Steigerung ihrer Verkehrsfähigkeit entgegen geht. Die kürzeste aller das Land durchschneidenden Querstrassen ist die von Schleswig-Husum (V), deren bequeme Kürze aber in ihrer erwartungsmässigen Wirkung durch die zu nördliche Lage und durch die untiefen Fahrwasser der Schlei und des Heverstroms schon früh beeinträchtigt worden ist. Aehnlich haben die Querwege von Flensburg-Tondern und Apenrade-Tondern, deren Lauf den betreffenden Quellflüssen der Widau parallel sein muss und bei Buhrkall zur Vereinigung führt, in gleicher Weise auch die Wege Hadersleben-Ripen und Kolding-Ripen unter der früh beginnenden Versandung oder Verschlämmung der Häfen gelitten und mehr als örtliche Wichtigkeit nicht gewonnen; vielmehr hat von Flensburg aus der Transitverkehr eine diagonale Richtung nach Husum und nach der Eidermündung einschlagen müssen. Von vorwiegend örtlicher Bedeutung sind die Verkehrslinien der grösseren Halbinseln, die bei den grösseren, Wagrien, Angeln, Sundewith, zwei den Küstenlinien entsprechende Schenkel bilden müssen. Als solche Winkel, mit der bezüglichen Grundlinie Dreiecke bildend, kommen zunächst die Strasse Oldenburg-Neustadt-Lübek und Oldenburg-Lütkenburg-Kiel in Betracht, welche hier durch die Kiel-Rendsburger Querstrasse fortgesetzt wird, dann die Chaussee Kappeln-Flensburg und Kappeln-Schleswig, endlich der Winkel Sonderburg-Apenrade und Sonderburg-Flensburg.

In Jütland musste die Hauptverbreiterung der Halbinsel in einer grösseren Querstrasse Lemvig-Viborg-Randers-Grenaae und diese letztere Halbinsel selbst wiederum in einem Winkel Randers-Grenaae und Aarhus-Grenaae wirksam werden. Weitere Querstrassen von Aarhus über Skanderborg an der Seenreihe entlang auf Ringkjöbing zu und von Horsens oder Veile ins Innere ersterben gewissermassen im Sande der Heiden; nur Friedericia und Kolding verbindet schon die Eisenbahn mit dem neu erbauten Hafen Esbjerg.

II. Bevölkerung, Städte und Staaten der cimbrischen Halbinsel.

1. Von der Bevölkerung der cimbrischen Halbinsel geben die stummen Gräber und Geräte aus unbestimmbarer Vorzeit die erste ebenso sichere wie dunkle und unbestimmte Kunde.

Die Fundorte der Steingräber und der Riesenbetten, in grösserer

Ausdehnung um Apenrade, auf der Halbinsel Broaker und auf Alsen, im ganzen mittleren Angeln und über die Schlei sowohl östlich vom Osterbek als abwärts im nördlichen Schwansen, dann zu beiden Seiten des Kieler Meerbusens, südlich vom Westensee, südlich und westlich von den Schwentineseen bis südlich von Segeberg, um Lütkenburg zwischen Neustadt und Lübek, südlich und nördlich von der Brökau, an der Süd- und Ostküste Fehmarns, ausserdem auf Silt, zwischen Bredstedt und Husum, auf dem Haupthöhenrücken Dithmarschens, in dem Kerne des eigentlichen Holsten, in Stormarn und Lauenburg verstreut gelegen, weisen mit grosser Klarheit auf die Bevorzugung des Ostens gegenüber der gesamten niedrigen Mittelzone und den westlichen Niederungen.

Dasselbe Ergebnis liefern und zwar in noch genauerer Ausführung die Grabhügel, die ziemlich gleichmässig den ganzen Osten einnehmen, in Schleswig im Norden, der Mitte, dem Süden einen Ausläufer in das Innere nach dem Westen vorstrecken, auf dem Jerpstedter Rücken, auf Silt, Föhr, Amrum sporadisch erscheinen, ausserdem aber wieder über den Höhenzug Dithmarschens, über die Holstenplatte und jenseits der oben nachgewiesenen Uebergangsstelle (S. 480) auf Bramstedt zu sich durch Stormarn bis an die Grenze des Don verbreiten.

Urnengräberfelder, aus einer Zeit also, welche von der Beerdigung zur Verbrennung überging — oder von einem Volke, dem dieser Brauch eigentümlich war? — finden sich wiederum vorwiegend, obwohl bisher nur zerstreut, im ganzen Osten, namentlich in Angeln um den Trässee und längs der untern Schlei, rund um das ganze obere Viertel der Schlei bis an den Osterbek, nördlich Rendsburg, Eider aufwärts bis an den Wittensee, um die obere Kieler Förde, die Schwentine hinauf bis an den kleinen Plöner See, in östlicher Richtung von Kiel aus an den Doberstorfer und nördlich längs des Seelenter Sees, die ganze Lütkenburger Gebirgsgruppe bis an die Kossau mit umfassend, im Land Oldenburg vom Winbarg und Putlos an bis nach Grossen-Brode hin, dann von Bordesholm bis südlich und westlich über Neumünster hinaus, westlich vom grossen Plöner See, zwischen Eutin und Neustadt, um Segeberg und am rechten Ufer der untersten Trave, endlich wieder von Elmshorn an nach Osten hin zerstreut durch Stormarn und Lauenburg. Im Westen ziehen sie sich in einem gewundenen schmalen Streifen von dem Ringwalle bei Weddingstedt südlich bis an den mehrerwähnten Don, dann zurückweichend über die Niederung der Holstenau im Bogen nach dem hohen Störuferrande bei Itzehoe. Im schleswigschen Westen sind sie und zwar wieder hauptsächlich auf den durch Steingräber und Grabhügel bezeichneten Punkten bisher nur sehr vereinzelt gefunden, namentlich in dem eigentlichen Kerne der Insel Silt, auf ganz Amrum, auf Föhr und beachtenswerterweise auf der Düne Tating-Garding, auch nördlich davon bis ans Meer.

Wesentlich die nämlichen Gegenden unseres Landes enthalten auch die Fundstätten unserer Altertümer. Die ganze östliche Zone des Geschiebethons samt Alsen und dem Südosten Fehmarns ist ein wenig unterbrochenes Fundfeld der älteren und jüngeren Steinsachen, der Bronze- und Eisengeräte; durch die ganze niedere Mitte und den mehrerwähnten Halbkreis der Treene-, Eider- und Störniederungen sind ähnliche Sachen nur selten gefunden; ebenso, nur vereinzelt im schleswigschen Westen, auf mehreren Geestrücken, auf den drei Inseln Silt, Amrum, Föhr und auf den Marschinseln von Garding, Taling, St. Peter. Gehäuft erscheinen die Fundstätten wiederum auf der Holsten Platte, auf dem ganzen nordsüdlich gestreckten Haupthöhenzuge Dithmarschens und in der ganzen Umgebung Hamburgs. Hinausgegangen über die sonst von diesen Zeugen der Vorzeit eingehaltenen Grenzen ist die Bevölkerung, von denen die Funde melden, an zwei Stellen: einmal in südöstlicher Richtung von Burg aus in die Niederung der Wilsterau bis gegen Wilster hin und dann in der Marsch selbst östlich von Marne.

Feuersteinwerkstätten, zwei auf dem Dithmarscher Höhenzug, und zwar ziemlich am östlichen Rande des südlichen Drittels nachgewiesen, eine am nördlichen Ufer des Oldenburger Grabens, eine im Winkel zwischen der Kieler Förde und Schwentine-Mündung, eine östlich von Husum und eine auf Amrum, Küchenabfälle, bisher nur am Windebyer Noor, an der mittleren Ostküste von Silt und nordwärts der Ojenner Bucht aufgefunden. Hufeisensteine, namentlich am limes Saxonicus, von der oberen Bille bis nach der Kieler Förde zerstreut, Schalensteine zerstreut durch Sundewith und Angeln, südlich der oberen Schlei und in Schwansen vorkommend; endlich die Runensteine nördlich von Flensburg, in Angeln und drei nahe zusammen südlich der oberen Schlei entdeckt, geben von dem Dasein und dem Leben der Urbevölkerung weitere, dunkle aber sicherlich historische Kunde [1]).

2. Erzählt von dem nordischen Lande, an dessen Ufern der Bernstein gefunden wurde, von den Völkern der „Scythen", die sich nördlich an die Kelten schliessen, hat zuerst der civilisierten Welt von damals ein Mann hellenischen Blutes, Pytheas aus Massilia, der zur Zeit etwa, wo Alexander an das Ostende der Welt gelangte, die wunderbaren Meere und Inseln des Nordens erforschte. Aber nur Bruchstücke seiner Erzählung sind auf uns gekommen. Dann wird uns zuerst wieder, sagenhaft immerhin aber durchaus wahrscheinlich [2]), von einer Massenauswanderung berichtet, zu der sich infolge einer grossen Ueberschwemmung die Cimbern genötigt gesehen haben, welche 113 v. Chr. an den nordöstlichen Grenzen des römischen Machtgebiets erscheinen. Darf man im Anschluss an ihr ruheloses Wandern nach 113 annehmen, was erlaubt scheint, dass sie auch vor 113 nirgends nach ihrem Auszug länger gesessen und nur an dem Widerstand der Bojer eine zeitweilige Hemmung gefunden haben, so würde dieser etwa um 140—130 anzusetzen

---

[1]) Das gangbar gewordene, halb aus Barbarenlatein, halb dem Griechischen zusammengesetzte Fremdwort prähistorisch und das gleichwertige deutsche vorgeschichtlich enthält eine Art contradictio in adjecto; denn alle Zustände oder Thatsachen, von denen wir, wenngleich durch stumme Zeugen, sichere Kunde haben, gehören der Geschichte an; was ausserhalb oder vor diesen geschichtlich erkennbaren Thatsachen liegt, ist für uns überhaupt nicht vorhanden. Was geschichtlich ist, ist nicht vor der Geschichte; was vor der Geschichte ist, ist nicht geschichtlich. Urgeschichtlich sollte man sagen.

[2]) Strabo (VII, 293) weiss von dem Untergang ganzer Küstenstrecken. Je weniger gefällig oder denkbar ein solcher Vorgang dem Bewohner von felsenfesten Küstenrändern war, desto sicherer dürfen wir schliessen, dass er nicht auf „Vermutung", sondern auf Ueberlieferung beruhe.

sein. Wir schliessen aber aus der Thatsache jener Massenauswanderung infolge einer grossen und verheerenden Flut auf eine nicht mehr allzu spärliche, durchgehende Bevölkerung aller, auch der niedrigeren Teile des Landes. Denn eine Höhe der Flut anzunehmen, dass die Bewohner der höheren Gegenden betroffen und vertrieben wären, ist nicht gestattet; die Cimbern müssen also wenigstens zum Teil in den westlichen Moor- oder Marschniederungen gesessen haben.

Eine mittelbare Bestätigung dieser Thatsache, dass mindestens im zweiten und ersten Jahrhundert v. Chr. — seit wie langer Zeit, vermag niemand abzuschätzen — auch der europäische Norden schon eine ausreichende Bevölkerung getragen habe, lässt sich aus den Berichten Cäsars über die Stämme und Heere der Gallier und die Zustände der benachbarten Germanen entnehmen. Die erste Seeschlacht auf dem Atlantischen Ocean, von der wir hören, muss auf eine uralte Uebung der Küstenbewohner nicht bloss Galliens gedeutet werden. Um so älter und allgemeiner in der That muss die Erfindung oder Verwendung der Schiffahrt in unserem Lande erscheinen, als sie hier notwendiger und unentbehrlicher war als anderswo. Der Angriff des Drusus auf die Friesen von der See her, sein Kanalbau, die Fahrt des Tiberius nach Norden bis zur Elbe und in die Elbe hinauf, mutmasslich bis Hamburg, die mehreren Züge des Germanicus zur See und flussaufwärts nach den Schauplätzen seiner Kämpfe lassen zweifellos erkennen, dass das Schiff nicht bloss ein bekanntes, sondern in jenen Gegenden geradezu das gewöhnliche Bewegungsmittel gewesen ist, dass die gesamten Küstengebiete der Nordsee bis weit ins Innere hinein ihren Verkehr vorwiegend durch Meer und Fluss bewerkstelligt haben.

Von Tacitus erhalten wir dann die ersten ausdrücklichen und ausführlicheren Nachrichten über unsre Halbinsel selbst. Hierbei ist nun beachtenswert, dass dieser wohl unterrichtete Gewährsmann in seiner Aufzählung unabsichtlich zwar, aber ebenso unverkennbar die doppelte Beziehung hervortreten lässt, die unsre Halbinsel gemäss ihrer Lage an der norddeutschen Ebene einerseits zu dem friesisch-rheinischen Südwesten, andererseits dem suevisch-elbischen, später slavisch-elbischen Osten hat. Tacitus unterscheidet wiederholt auf das bestimmteste die nordöstlichen Stämme der Deutschen, denen er den Gesamtnamen Sueven gibt [1]), von allen übrigen Germanen (.ceteris Germanis"), für die er keine gemeinsame Bezeichnung kennt. Diese letzteren zählt er in der Ordnung auf, dass er zunächst dem Rheine, dann dem Ocean folgt. Die letzten, die er in dieser Richtung nennt und zwar hinter den Chauken — denn die Chatten, Cherusker und Fosen werden als „seitwärts" (in latere) wohnend bezeichnet — sind die Cimbern, welche „denselben Vorsprung" (sinus) Deutschlands besetzt hatten, unmittelbar am Meer (proximi Oceano). Ob die friesische Bevölkerung des halben westlichen Schleswigs ihm als solche unbekannt geblieben oder dort noch nicht ansässig gewesen ist, lässt sich mit Sicherheit nicht erkennen:

---

[1]) Germ. 38: Nunc de Suevis dicendum est, quorum non una ut Chattorum Tencterorumve gens; majorem Germaniae partem obtinet ... in commune Suevi „vocantur". Cap. 45: Hic Sueviae finis.

nur will das letztere bei dem seltenen Beharrungsvermögen, das diesen Stamm auszeichnet, wenig denkbar erscheinen.

Zum zweitenmale gelangt Tacitus mit seiner Aufzählung an und in unsere Halbinsel, indem er von dem ältesten und bedeutendsten Stamme der Sueven, den Semnonen, elbabwärts in nordwestlicher Richtung an das Baltische Meer kommt und die sieben „durch Wälder oder Flüsse geschützten" Stämme nennt, die nur durch die gemeinsame und feierlich geheimnisvolle Verehrung der Nerthus auf einer „Insel des Oceans" bemerkenswert seien. Ihre Wohnsitze werden nicht näher bestimmt; jedoch gestatten oder fordern die Worte: et haec quidem pars Suevorum in secretiora Germaniae porrigitur, sie durch die ganze Länge der „abgelegenen" cimbrischen Halbinsel „hindurchreichend" anzusehen. Ob die 7 Völkerschaften in der Ordnung von Süden nach Norden aufgeführt sind, wie man freilich nach seiner c. 41 folgenden ausdrücklichen Erklärung, erst habe ihm der Rhein als leitender Faden gedient, jetzt, wo er von Norden zurückkehrt, solle es die Donau, annehmen möchte, ob überhaupt eine bestimmte Reihenfolge zu Grunde gelegt ist, lässt sich mit Sicherheit nicht ermitteln. Unter allen sind, zumal bei der schwankenden Schreibung der meisten Namen, nur Angler und Jüten, diese aber mit aller Sicherheit nachzuweisen. Grössere Ansiedlungen werden nicht genannt, dürfen auch bei der grundsätzlichen Abneigung der Germanen gegen geschlossene, stadtartige Wohnplätze nicht angenommen werden.

3. Aus den folgenden Jahrhunderten liegen zusammenhängende Nachrichten nicht vor; Andeutungen begegnen, dass die Küstenschiffahrt in stätigem Betriebe ist. Dasselbe ergibt sich aus der nächsten wohl verbürgten Thatsache, die uns begegnet, wieder einer Auswanderung und zwar in grösserem Massstabe als die erste[1]). Im Jahre 449, so erzählt Beda, ging unter Hengist und Horsa ein grosser Zug von Sachsen, Angeln, Friesen und Jüten nach England hinüber. Mag immerhin in die Mitte des Jahrhunderts eine besonders grosse und planmässige Auswanderung nach dem herrenlos und haltlos gewordenen schönen Inselland fallen, dieselbe wird durch einen altüberlieferten Seeverkehr, der hier nur der südwestlich streichenden Küste zu folgen brauchte, um auf die hellen Kreideklippen von Dover zu stossen, vorbereitet und durch jahrzehnte-, ja jahrhundertelanges Nachwandern fortgesetzt und gehalten gewesen sein: eine Wirkung des eigentümlichen Siedlungstriebes, der den Angelsachsen eigen war und geblieben ist und der denkwürdige Beginn einer kolonisatorischen Bewegung, welche, noch weitgreifender als der griechische Ausdehnungsdrang, jetzt bereits nicht bloss die Neue Welt, sondern auch einen guten Teil der übrigen Erde der angelsächsischen Rasse, d. h. zugleich dem Christentum, der Gesittung, der Freiheit unterworfen hat.

Fand aber eine so bedeutende Entleerung der Halbinsel statt,

---

[1]) Beide Wanderungen können als Belege für die Meinung und Ueberlieferung angesehen werden, dass der ursprüngliche Zug der Völker auf unserer Halbinsel von Norden nach Süden geht. Vgl. Müllenhof in den „Nordalbingischen Studien" Bd. I, 136. 145.

wie die Nachrichten weniger als die ausgedehnten Staatengründungen
im ganzen südlichen und östlichen England erkennen lassen, so wird
ein alsbaldiger Nachschub von Nachbarvölkern von vornherein wahrscheinlich. So drängten denn von Norden her die Jüten, vielleicht
selbst gedrängt von nachrückenden Dänen, in das nördliche Schleswig
und zwischen Friesen und Angeln hindurch bis an den unüberschrittenen
Schlei-Treene-Abschnitt nach. In das bis dahin ganz germanische Holstein werden damals und nicht erst unter Karl dem Grossen die wen-
dischen Wagiren oder Waigern, und zwar, in voller Uebereinstimmung
mit den Verkehrsverhältnissen an der Westküste, zur See eingedrungen
sein. Diese Thatsache geht aus folgenden Umständen mit grösster
Wahrscheinlichkeit, um nicht zu sagen mit Sicherheit hervor. Die
Slaven waren bei dem Beginn der Völkerwanderung sofort mit in
Bewegung gekommen und den vorwiegend an jener Bewegung sich
betheiligenden suevischen Stämmen in die Ebenen der Weichsel, Oder
und selbst der Elbe und Saale nachgerückt. Früh übten sie regen
Seeverkehr und Seeraub in dem ganzen zwischen Skandinavien und
Germanien verstreuten Archipel und an seinen Küsten[1]. Nur so wird
es erklärlich, wenn wie die suevischen Nerthusvölker so auch die verschiedenen Slavenstämme ein gemeinsames Heiligtum, den Tempel des
Svantevit, dem die ganze Wendenwelt Tribut zahlte, auf einer Insel
hatten und derselbe auch noch auf einem dem Festlande abgewendeten
Punkte, Arcona, lag[1]. Die meklenburgische Küste überschaut deutlich
und in lockendster Nähe das ganze Gestade Ostholsteins von der Trave-
mündung bis zum fehmarnschen Sunde; bei sicher berechenbarem Wind
und Wetter trug das leichte Schiff von den diesseitigen zu den jen-
seitigen Landungsplätzen hinüber, deren es dort mehrere sehr bequeme,
zum Unterschlupf und zur Lauer höchst geeignete gab. Es ist geradezu
undenkbar, dass man diesem kurzen und bequemen den langen und
schwierigen, auch leicht versperrten Umweg längs der Küste, die Trave
bis zu einer bequemen Uebergangsstelle aufwärts, etwa über Alt-Lübek,
vorgezogen haben sollte. Nicht ohne Bedeutung ist es auch, dass von
den 15 Pflanzenarten des Landes Oldenburg, welche der übrige Boden
Holsteins entweder nur ganz ausnahmsweise oder gar nicht trägt, 8 auch
auf meklenburgischer Erde heimisch sind[2]. Endlich könnte das ge-
feiertste Heiligtum der holsteinischen Wenden, der Wienbarg (Helmold,
slavische Chronik I, 83) und die alte Hauptstadt derselben unmöglich
auf jener Insel gelegen gewesen sein, wenn sie dieselbe nicht, wie es
immer das Festland beherrschenden Feinde gegenüber rathsam
ist, zuerst in Besitz genommen und den gewiesenen Uebergangspunkt
auf Gestadeinseln (vgl. S. 483, II, 3, b.) in der Mitte der dem Festland
zugekehrten Seite befestigt hätten. Stari-grad, die „alte Burg" beweist
unwidersprechlich, dass die Wenden selbst in ihrem geschichtlichen

[1] Nach Helmold II, 13 sind die Slaven von alters her dem Ackerbau ab-
geneigt, Seeunternehmungen zugewendet; ihr Reichtum beruht ganz auf ihren
Schiffen; beim Häuserbau gaben sie sich keine Mühe.
[1] Noch zu Adams von Bremen Zeit schiffte sich, wer von Hamburg nach
Jumne zur See wollte, in Oldenburg oder in Schleswig ein (II, 19).
[2] Schröder u. Biernatzki, Topographie I, 32.

Bewusstsein ihre älteste Geschichte, soweit sie überall in Nordalbingien
spielte, auf diesen Schauplatz verlegten. Die Lage der Stadt auf einem
in die Niederung und fast bis an die Brökau vorspringenden schmalen
Ausläufer des hohen Nordufers, von drei Seiten durch eine leicht über-
schwemmbare Niederung, an der vierten durch gewaltige, auch heute
noch wohl erhaltene Erdwerke, Burg und Wall geschützt, war um so
fester, als sie südlich der Au, wohin ein Teil der Stadt unzweifelhaft
sich ausgedehnt hat, auch über eine Stellung verfügte, die als Brückenkopf dienen konnte, den schmalen Engpass nämlich zwischen der noch
heute sehr ungangbaren und tiefen Niederung der Johannisdorfer Au
einerseits und der Seebenter Niederung andrerseits, auf welchem in dem
Winkel der Johannisdorfer Au mit den südlich in diese mündenden
Nebenbächen das durch seinen Namen als wendisch beurkundete Zul-
bisthorp, heute Sipsdorf, entstand [1]).

Fällt aber die Besitzergreifung des Landes Oldenburg, wahrscheinlich samt Fehmarn, durch die Wagern schon in die zweite Hälfte des
fünften oder den Anfang des sechsten Jahrhunderts, so werden auch eine
Anzahl anderer Ortschaften zu ungefähr gleicher Zeit entstanden sein;
so namentlich in der linken Flanke Dahme und Grube, in der rechten
Wesseek (Wotzeke), unzweifelhaft alles drei slavische Namen.

Eine zweite Haltestelle auf ihrem Wege ins Innere fanden die
Wagern in dem Abschnitt der Kossau, der Seen und der Kremper Au
mit ihren Zuflüssen, eine bastionartige, nur über die Höhe von Schönwalde und durch die Enge von Kassierstorf (Kasserestorp) zugängliche
Verteidigungsstellung, die wiederum auch drei slavisch benannten Ansiedelungen in Front und Flanken bezeichnet ist: Plön, Lütkenburg,
(Alten-) Krempe. Der Pass von Plön (Plune, Plone) ist nach allen
Anzeichen zu urteilen durch eine zweifache Befestigung geschützt gewesen: einmal durch die wendische Burg, welche den westlichen Ein-
gang auf die Enge zwischen grossem und kleinem Plöner See wehrte,
und die Olseborg oder Alesborg, welche den östlichen Zugang zwischen
grossem Plöner- und Behler-See bewachte. Lütjenburg, wie es jetzt
meist sehr verkehrter Weise geschrieben wird, richtig Lütkenburg, vormals Luttikenborg oder Lucelenborch, slavisch Liutcha (von ljut stark?),
war offenbar ein Brückenkopf für die Kossau, die hier von der ostwestlichen Küstenstrasse Kiel-Oldenburg gekreuzt werden musste. Die
von Helmold hier erwähnte Burg (urbs) wird nicht bei der Kirche, sondern muss, wie der Augenschein lehrt, auf dem jetzigen Vogelsberge
gelegen haben, einem offenbar künstlichen Hügel auf natürlicher Vor-
arbeit im Norden der Stadt, an dessen Fuss noch heute Reste des
Burggrabens in den dortigen Teichen geblieben zu sein scheinen. Diese
ganze Höhe hat eine überaus beherrschende Lage und überschaut ausser
den beiden in Betracht kommenden Hauptlandstrassen insonderheit auch
den nahen Binnensee und die ganze Hohwachter Bucht, neben Heiligen-

---

[1]) Die nicht unbedeutenden Befestigungen auf dem linken Ufer der Johannisdorfer Au, von denen eben südwestlich von Sipsdorf die ausgebaute Hufe „Schanze"
umgeben ist, sollen aus dem 30jährigen Kriege stammen. Sie beherrschen die in
Sipsdorf zusammenstossenden Strassen von Güldenstein und von Lensahn.

hafen und Kiel den einzigen und in alter Zeit mehr als jetzt benutzten Landungsplatz an der Nordseite Holsteins, der unter anderm auch 1113 den dänischen König Niels seiner Niederlage von dem Wendenkönig Heinrich entgegenführte. Krempen oder Krempe war ursprünglich der Name einer Burg auf der noch heute so genannten Insel im Neustädter Binnensee, nach welcher einer von den elf slavischen bei Helmold erwähnten Gauen seinen Namen hatte; für ein seeräuberisches, fehdelustiges Volk nach der Land- wie Seeseite ein besonders wohlgelegener Platz. Zu diesen genannten drei Orten wird das gleichfalls als Mittelpunkt eines slavischen Gaues erscheinende Utin mit Fissau (Vyssouve, Vizzowe, Viscow) an dem Uebergang über die Schwentine bald hinzugekommen sein.

Eine dritte und letzte Vorschiebung der slavischen Grenze stützte sich in der rechten Flanke auf die untere Schwentine und den Brückenort Pretz (Poreze, Paretze), in der linken auf Lübek, d. h. Alt-Lübek oder Bukowec) mit Razeburg und in der Front auf den Alberg [1]), d. h. Segeberg, vielleicht auch Oldesloe. Pretz, der Alberg, Lübek sind durch ihre Namen als ursprünglich slavische Plätze gekennzeichnet, sämtlich auch durch ihre Lage als Brücken- oder Engen-Städte wichtig. Alt-Lübek, im spitzen Winkel, den hier die Schwartau mit der Trave macht, gelegen, zu einer Zeit gegründet, wo die Slaven auch diesen entfernteren Hafen zu benutzen angefangen hatten, ist erst in der zweiten Hälfte des achten Jahrhunderts gegen Oldenburg, das nach Adam von Bremen (II, 41) noch im Anfang desselben die volkreichste Stadt von ganz Slavien war, allmählich emporgekommen und für die nur noch kurze übrige Zeit ihrer Herrschaft Hauptsitz der wagrischen Fürsten geworden.

Endlich werden auch die Landwege die wandernde Slavenwelt westlich bis an die natürliche Grenze der Halbinsel, die Wakenitz-Delvenau-Linie und darüber hinaus vorgeschoben haben; Plätze wie Razeburg, Mölln, Lauenburg können kaum zu irgend einer Zeit, wo Menschen überhaupt hier gewohnt haben, als nicht vorhanden gedacht werden [2]).

4. Während sich so in den Jahrhunderten der Völkerwanderung und nach derselben Ostholstein zu einem Vorposten der grossen slavi-

[1]) Diesen „alten" (slavischen) Namen des Kalkberges (Helmold c. 49 u. c. 14), dessen Form freilich nicht ganz feststeht, darauf zu deuten, dass schon die ältesten Anwohner den Salzgehalt des Segeberger Bodens gekannt haben, würe ich sehr in Versuchung, aber wohl doch nicht berechtigt.

[2]) Die in unserem Lande ziemlich zahlreichen Ringwälle, deren Alter und Herkunft unsicher bleiben muss und sehr verschieden sein kann, häufen sich doch in beachtenswerter Weise auf dem ganzen einst slavisierten Gebiete und an dessen Grenze; am dichtesten nördlich von den Quellen der Bille, am Nordufer der unteren Trave, an dem Pass zwischen Behler See und Kossauthal, auf dem ganzen Gruppengebirge von Lütkenburg, östlich von der untern Schwentine nahe dem Dobertorfer See, um das obere Eiderthal und südöstlich von Neumünster; auf schleswigschem Boden finden sie sich so zahlreich nur um die Spitze der Schlei und in dem eigentlichen Rumpfe der Insel Silt. Verstreut erscheinen ähnliche Burgen nördlich von Oldenburg, unweit der Elbe oberhalb Hamburg, östlich der oberen Alster, bei Burg, bei Heide, bei Garding, auf Fohr, Sundewith, Alsen und selbst an einer Stelle der Marsch südlich von Hoyer.

schen Rasse gestaltete, von dem aus durch ein sehr wohl mögliches,
teilweise sogar verwirklichtes Vordringen nach Westen und bis an die
Nordsee ein Keil mitten durch die Nord- und Südgermanen getrieben
worden wäre, war die Entwickelung des deutschen Staates in der Gestalt der fränkischen Monarchie weit genug gediehen, um von Süden
vorstossend jedem weiteren Vordringen eine erste entschiedene Schranke
zu ziehen.

Der Zug Karl Martels im Jahre 734 gegen den Friesenfürsten
Bobo nördlich der jetzigen Zuider See, nach Fredegarii cont. 109
(navali evectione) zu Wasser unternommen, beweist, dass auf Grund
der Bodenverhältnisse der Seeverkehr als der regelmässige fortgedauert
hat. Noch entschiedener geht dasselbe aus der Thatsache hervor, dass
sofort nach der Unterwerfung der Sachsen (785 „tota Saxonia sub-
jugata est", ann. laur.) der Bremer Erzbischof Willebad es ist, der
mit dem westlichen Nordalbingien in leichtem Seeverkehr auf der weit-
ragenden Höhe der Meldorfer Insel in dem spitzen Winkel zwischen Miele
und Süderau die erste Pflanzstätte christlicher Mission in unserem Lande,
die Meldorfer Kirche, erbauen lässt.

Die Fortführung des Sachsenkrieges gegen die Nordalbingier und
gegen die Dänen, bei welchen der unbeugsame Wittekind Schutz gefunden hatte, erforderte vor allen Dingen aber einen sicheren und möglichst bequemen Uebergang über den breiten Elbstrom. Teils durch
die Beschaffenheit beider Ufer, teils durch die Teilung des Flusses in
zwei Hauptarme war die Linie Harburg - Wilhelmsburg - Hamburg, unzweifelhaft in Gebrauch und Uebung, solange Menschen hier verkehrten,
die gegebene. Adam von Bremen nennt darum auch sehr richtig (1, 15)
Hammaburg[1]) „eine Stadt der Nordalbingier", die Karl der Grosse
„damals" (bezieht sich auf das vorangehende Jahr 804) mit einer Kirche,
natürlich auch mit einer Burg, ausgestattet und einem gewissen Heridag
übergeben habe.

Mit der Befestigung Hamburgs war bei der Fortführung des
Krieges gegen die dänische Grenze die Sicherung des Stör-Uebergangs
zugleich notwendig geworden. Durch gradlinige Durchstechung einer
Halbkreisbiegung der Stör gewann man einen geeigneten Platz für die
Errichtung einer Burg, die bis heute in ihrem Namen fortbesteht, in
ihren letzten Bauresten erst nach der Mitte des siebzehnten Jahrhunderts
verschwunden ist[2]). In dem Schutze dieser fränkischen Essefeldo-Burg
entstand 817 auf dem vorgelegenen Geestbuckel von Nordoe die Cella
Welanao des Ebo von Rheims und Halitgarius von Cambray, das heutige
Münsterdorf; flussabwärts unweit eines Vorsprungs des Don, aber doch
in der eigentlichen Marsch Heiligenstedten, eine Kirche, deren Sprengel

<hr>

[1]) Der Name stammt offenbar von dem in der Geschichte Dithmarschens so
bedeutsam gewordenen Worte „Hamme", Hemmung, Sperre, Enge. Vgl. Kolster im
Meldorfer Programm 1853, S. 21.
[2]) Ob das als Ort der Unterhandlungen zwischen Dänen und Deutschen 809
erwähnte Badenfliot in dem abwärts an der Stör in der Marsch, freilich auf einer
Erhöhung gelegenen Beidenfleet, ursprünglich Begenflet, also wohl richtiger Beien-
fleet, zu erkennen ist, muss zweifelhaft bleiben. Als wahrscheinlich kann es bei
der Abgelegenheit des Orts und der Unwegsamkeit der Marsch kaum gelten.

ursprünglich weit ausgedehnt ins jetzige Kirchspiel Bramstedt übergriff,
und schon in nördlich vorgeschobener Lage Schenefeld, das Adam von
Bremen die Kirche der Holsten nennt. Die vierte Burg, welche Karl der
Grosse und zwar gegen die Linonen gründete, Ilohbuoki, scheint doch,
wenn nicht in dem uralten, auch als Kirch- und Wallfahrtsort früh
berühmten Dorfe Düchen, Boken, eine gute Meile nördlich der Elbe,
am wahrscheinlichsten in der Nähe von Lauenburg bei Buchhorst
(Bokhorst) gesucht werden zu müssen. Die Einhardsche Nachricht,
Karl habe alle Sachsen aus Wigmodien und den transalbingischen Gauen
mit Weibern und Kindern ins Fränkische geführt und ihre Wohnplätze
den Obotriten überlassen, kann gegenüber den späteren thatsächlichen
und verbürgten Zuständen nur unter der grössten Einschränkung auf
Glauben Anspruch machen. Dagegen wird die Einrichtung des freilich
erst 819 ausdrücklich erwähnten limes Saxonicus oder marca Slavorum
den letzten Jahren Karls des Grossen zuzurechnen sein; eine Grenzlinie,
richtiger wohl ein Grenzgürtel von Befestigungen, dessen Nachweisung
im einzelnen nach den Angaben Adams von Bremen auch durch die
eingehende Untersuchung von Beyer [1]) nicht ausser allen Zweifel gestellt
ist, der aber im grossen und ganzen eine bis zum Plöner See durch
die Schwentine, von Segeberg bis Oldesloe durch die Trave vorgezeichnete
Richtung vom Kieler Meerbusen gerade südlich bis an die Elbe gehabt
hat, d. h. also den sächsischen Charakter von etwa zwei Drittteilen Holsteins
ausser Frage stellt.

Schon 826 dringt durch fränkischen Einfluss das Christentum und
zwar wieder auf dem westlichen See- und Flusswege auch in das
Herzogtum Schleswig, richtiger damals noch an die Schwelle des
dänischen Landes, den Schlei-Abschnitt vor. Ansgar geht rheinabwärts
über Doorstede in die Nordsee, läuft in die Eider ein, landet im Gebiete
der Friesen, will sagen bei Hollingstedt, und erreicht von da die dänische
Grenze, um seine Predigt zu beginnen, die trotz vorübergehender Hem-
mungen guten Erfolg gehabt zu haben scheint. Bereits 831 ward
Hamburg zur Metropole des werdenden oder doch entworfenen Erzstifts
des Nordens von Ludwig dem Frommen bestimmt. Die Zerstörung der
Stadt (845) durch die Normannen konnte die Bedeutung dieses Platzes
nicht aufheben. 850 vollendete sich der erste Kirchenbau auf schleswigschem Boden, den Ansgar zu Ehren der heiligen Maria „bei der
Stadt Schleswig" oder Iloithaby (d. h. wahrscheinlich nicht beim jetzigen
Haddeby oder ursprünglich Haddeboth) errichtete. 860 folgte in Ripen durch
Ansgars Schüler Rimbert ein zweiter Kirchenbau. Beide Städte, Schleswig
und Ripen, haben aber ohne Zweifel lange vor der christlichen Zeit
als Hafenorte bestanden und handeln (im elften Jahrhundert) der eine

---

[1]) Beyer, der limes Saxoniae Karls des Grossen, 1877. Dass die sanft nach
Süden abgedachte, leise gewölbte Ebene zwischen Günnebek-Tarbek, Bornhöved
und Dalldorf keinen Anhalt zu einer Grenzscheide mehr bietet, lehrt der Augenschein; auch die unzweifelhaft zum limes gehörige Höhe von Blunk, noch heute
durch die westlich ihren Fuss begleitende, nördlich und nordwestlich umfassende
Niederung geschützt, erlaubt es schlechterdings nicht, die Linie des limes, wie
Beyer gethan hat, von Brands Mühle auf Dalldorf und so nach Bornhöved zu
ziehen.

nach Sclavanien, Schweden, Samland, Griechenland (= Russland; Adam von
Bremen IV, 1), der andere nach dem Saxenlande, nach Frisien, nach
Engelland, Frankreich, den Mittelmeer-Städten und selbst dem heiligen
Lande. Tondern, 1017 bereits ein bekannter Hafen, mag wenig
jünger sein.

In Jütland tritt zwar aus dem Dunkel der heidnischen Vorzeit
noch kein grösserer Ort durch bestimmte Zeugnisse hervor; jedoch wird
mit einiger Sicherheit zu vermuten sein, dass das genaue Centrum des
ganzen Landes, zudem ein wichtiger Wende- und Kreuzungspunkt einer
Längen- und einer Querstrasse, Viborg, richtiger ursprünglich Viberg,
in Waldemars II. Erdbuch Wibiärgh (= Weiheberg), schon in ältester
Zeit sowohl als Kultus-Stätte wie als Fürsten-Sitz und Wahlort bestanden hat.

5. Die Zeit der sächsischen und salischen Kaiser ist für unsere
Halbinsel nicht ohne Bedeutung.

Widukind (I, 40) berichtet, dass Heinrich I. 934 die Dänen, welche
auf ihren Seezügen die Friesen beunruhigten, überzogen, unterworfen und
ihren König „Chnuba“ zur Taufe gezwungen habe. Nach Adam von
Bremen besiegte Heinrich den König Worm oder Urm (= Gorm) und
machte Schleswig, welches jetzt „Heidiba“ genannt wird, zur Grenze
seines Reichs, wohin er eine sächsische Kolonie und einen Markgrafen
versetzte, d. h. also die weite Ebene zwischen Schlei und Eider zu
einer schleswigschen Mark einrichtete: der erste und für Jahrhunderte
letzte Schritt des Deutschtums vorwärts gegen das Dänentum und zugleich unzweifelhaft eine bedeutsame Massregel für die Hebung des
Ortes und für die Entwickelung des ganzen spätern Herzogtums zu
einem selbständigen Ganzen. Ottos des Grossen Zug in die cimbrische
Halbinsel und gar bis an die äusserste Spitze Skagens erscheint nicht
genügend bezeugt; an dem vordringenden Einfluss des deutschen Reiches
und der deutschen Mission kann nicht gezweifelt werden. Auf der
Synode von Ingelheim 948 erscheinen Bischöfe von Schleswig, Ripen
und einer dritten, bei dieser Gelegenheit zuerst hervortretenden Stadt,
welche Widukind Harusa nennt: Aarhus, ursprünglich Arus und in
isländischen Quellen Aros [1]. Die gleichzeitige Gründung eines Bistums
in Oldenburg beweist wie das Vordringen deutsch-christlichen Geistes
gegen den Nordosten, so auch aufs neue die Bedeutung dieser Insel-
Hauptstadt gegenüber den sämtlichen Nachbarstädten bis zur Peene,
bis wohin sich ihr Sprengel erstreckte. Aber schon Otto II. war
zu einem neuen Zuge gegen das empörte Dänemark genötigt, auf
welchem er das Danewerk erstürmte. Wenn er dann nach Thietmar
(III, 4) „unam urbem in his finibus (Caesar) aedificans praesidio firmat“,
so wird das doch wohl nur von Befestigungsarbeiten vor und an der
einzigen Stadt dieser Gegenden, nämlich Schleswig, d. h. also von einer
Wiederherstellung der schleswigschen Mark zu verstehen sein, die in
der That ohne Besetzung des oben erwähnten Rückens bis zum Abschnitt
des Langsees nicht haltbar sein konnte.

---

[1] Nach Trap (Statistisk-topographisk Beskrivelse af Kongeriget Danmark VI, 21)
aus Aar, Genetiv von Aa, und Os Mündung.

Mit den letzten Jahren Ottos II. beginnt die Verkirchlichung des
deutschen Kaisertums, die Abwendung von seiner nationalen Aufgabe;
die Dänen fallen in die schleswigsche Mark ein, die Obotriten unter
Mistevoi verbrennen Hamburg (983). 1027 findet Konrad II. sich veranlasst, in Rom dem mächtigen Kanut von Dänemark ohne Schwert-
streich und erkennbare Nötigung die Mark Schleswig zu überlassen und
die Eider als Grenze zu nehmen. Einer neuen Slaven-Ueberschwem-
mung (1032) widerstehen von allen Plätzen nur Itzehoe und die bei
dieser Gelegenheit zuerst erwähnte Bokeln-Burg in Dithmarschen, die
zu der Grafschaft „beider Ufer", Stade gehörte, wohin seine Verkehrswege es wiesen. In bemerkenswertem Parallelismus ragen im westlichen Holstein sowie die oben hervorgehobenen drei nördlichen Uferränder,
so Hamburg, Itzehoe, Bokelnburg und Meldorf aus dem Dunkel der Urge-
schichte, aus den Trümmern der christlichen Kultur hervor. 1063 erhob
sich in dem Kampfe zwischen dem berühmten hochstrebenden Erzbischof
von Bremen-Hamburg Adalbert, der gewöhnlich in Hamburg residierte,
und dem sächsischen Herzog Orduf auf demselben Kleve der Elbe,
dem Süllberg (Sollonberg) eine Burg, an welche sich in späterer
freilich unbestimmbarer Zeit die Ortschaft Blankenese angelehnt haben
wird. Die Gewissheit, dass die noch heute so vielfach von ihrer ganzen
Umgebung in Art und Sitte gesonderten Einwohner von Blankenese,
Dockenhuden und Mühlenberg, die kaum noch jetzt aus ihrem Kreise
hinaus heiraten, eingewandert sind, zusammen mit dem Umstande, dass
jede Kunde von der Zeit ihrer Einwanderung fehlt, macht es ziemlich
sicher, dass die Entstehung der eigentümlichen Ortschaft um Jahrhunderte
vor ihrer ersten Erwähnung im Anfange des 14. Jahrhunderts anzusetzen
ist. Um dieselbe Zeit (1062) wird zum erstenmale auch der Razeburg gedacht, die, am westlichen Eingange der Stadt gelegen in ihrem Entstehen
wohl jedenfalls dem ersten Eindringen der Slaven angehört. 1066 zugleich
mit dem Sturze Adalberts als kaiserlichen Vormunds erlagen auch der
christliche Wendenfürst Gottschalk und die christlichen Sitze, namentlich wieder das unverwüstliche Hamburg und Oldenburg der heidnisch-
nationalen Partei. Das Bistum Oldenburg verschwindet auf fast ein
Jahrhundert. 600 Familien verlassen Holstein und siedeln sich im Harze
an. Der Rugier Fürst Kruto, dem alle nordelbischen Slaven zinspflichtig
werden, errichtet die erste Ansiedlung auf der Halbinsel zwischen Trave
und Wakenitz, die Burg Bukow oder Buku und bezwingt Gottschalks
Sohn Butue in der 1071 zum erstenmale erwähnten Burg Phune. Aus
dieser Zeit haben wir über die damalige Verwaltungseinteilung des jetzigen
Herzogtums Holstein von einem wohl unterrichteten Manne, dem Dom-
scholaster Adam von Bremen, eine wertvolle und zuverlässige Nachricht. Er unterscheidet die überelbischen Sachsen in drei Völker: „die
ersten am Meer wohnenden sind die Tedmarsgoi, Dithmarschen, deren
Mutterkirche zu Melinthorp, Meldorf, ist; die zweiten sind die Holcetae,
Holsten, so genannt nach den Hölzungen, in denen sie wohnen. Durch ihr
Land fliesst die Sturia (Stör) und ihre Kirche liegt zu Scanafeld, Schenefeld.
Die dritten und angesehensten werden Sturmaren genannt". Die Grenzen
der ersten Völkerschaft sind durch die Natur dermassen festgestellt,
dass sie vom Süden abgesehn nie schwanken und zweifelhaft werden.

konnten. Diese Südgrenze bildete die Niederung, welche von dem Einflusse der Holsten-Au in die Wilster-Au sich nach dem Kudensee zu erstreckt, von da nach der Elbe, der alte sogen. Holstengraben. Dieses dithmarsische Land kam 1148 mit der Grafschaft „beider Ufern", Stade, an das Erzstift Bremen-Hamburg. Indes scheint die um dieselbe Zeit geschehene Uebertragung von Meldorf an das Hamburger Domkapitel, „eo, quod aptior fuit", darauf zu deuten, dass allmählich zwischen Dithmarschen und Holstein-Stormarn sich auch ein lebhafterer Landverkehr zu erzeugen begonnen hatte. Die Abgrenzung der beiden andern Gaue muss, und zwar sowohl die wechselseitige zwischen ihnen selbst, als die gegen Wagrien, nicht die gegen Lauenburg oder Sadelbandia, als schwankend angesehen werden. Es ist aber völlig klar, dass dies mit der natürlichen Bodenbeschaffenheit im engsten Zusammenhange steht. Der Kern des eigentlichen Holsten-Landes ist unzweifelhaft jene von Giesel und Holsten-Au, von Eider und Stör und östlich von der Sarl-Au abgegrenzte Platte, die oben nachgewiesen ist. Im Osten ging das Land „Holsten" über diesen natürlichen Abschnitt um den „Gau Faldern" (Neumünster) d. h. um die Hohheide, hinaus, welcher Gau als Grenze gegen Wagrien bezeichnet wird [1]. In diesen Grenzen hat sich das geographische Ganze in dem Amte Rendsburg, dem grössten Holsteins und auch heute noch waldreichen, als ein administratives Ganze erhalten; Schenefeld mit Hohenaspe, Hademarschen mit Hohenwestedt sind die echten alt-holstenschen Kirchspiele. Holsten-Tracht heist in Dithmarschen bis heute die Hademarschener Tracht. Durch die genannte ursprüngliche Begrenzung war nun aber eine allmähliche Erweiterung keineswegs ausgeschlossen. Aus der Natur der Verhältnisse und aus einer Anzahl ausdrücklicher oder mittelbarer und unfreiwilliger Zeugnisse geht die Thatsache hervor, die noch heute nicht aufhört sich immer neu zu wiederholen, dass zuerst der feste und gesicherte Boden des Landes besetzt und bebaut, dann allmählich unter dem Drange des wachsenden Bedürfnisses und den Wirkungen der Verbesserungsbauten, zum Teil erst im zwölften und dreizehnten Jahrhundert [2]), in die niedrigeren und unsicheren Niederungen der Moore und Marschen hinabgestiegen ward. Daher wird auch nicht im mindesten die oben festgestellte Umgrenzung durch den Zusatz Adams von Bremen erschüttert, dass die Stör durch das Land Holsten flösse, noch weniger durch die Aufzählung des dem letzten Jahrhundert des Mittelalters angehörigen bremischen Presbyters, der die Bewohner der Kirchspiele Schenefeld, Hademarschen, Hohenwestedt, Nortorf, Kellinghusen, Bramstedt, Kaltenkirchen und Bornhöved samt denen der Wilstermarsch als die echten Holtsaten bezeichnet. In ähnlicher Weise beruhen die Grenzen Stormarns auf seinen Bodenverhältnissen und sind südlich durch die Elbe, westlich durch die Niederung der Elbe und Stör, nördlich durch die der Bram-Au gegeben; nach Osten dehnt sich der Geschiebesand zwar nur bis zur Alster-Linie aus, der Unterschied des Geschiebethons kommt aber

---

[1]) Helmold 1, 47.
[2]) Vgl. Hasse Urkunden etc. Nr. 86, wonach die palus Bishorst 1146 „jam non raro incolitur habitatore."

auf ethnographischem Gebiet nicht zu massgebender Geltung und erst
das Thal der Bille mit dem Sachsenwalde richtet zwischen Sachsen und
Slaven die Scheide auf. So ist das eigentliche Stormarn zu beschränken
auf die Herrschaft Pinneberg und die Grafschaft Rantzau rechts, die
noch bis nahe unsrer Gegenwart stormarnsche genannten Aemter Reinbek, Trittau und Tremsbüttel links der Alster, wozu das Gebiet von
Hamburg, die umschlossenen Güter und das Kirchspiel Sülfeld hinzuzurechnen sind. Ausserhalb dieser Teilung und für sich stehen die
Gemeinden der Haseldorfer, Kremper und Wilster-Marsch, nach Natur,
Besiedelung und Verfassung jüngere Bildungen. Der ganze übrige
Osten gehört wiederum in unsicherer und wechselnder Begrenzung den
slavischen Stämmen, zum grösseren nördlichen Teile aber den Wagern an.

6. Eine bessere Zeit für Holstein beginnt mit dem Anfang des
zwölften Jahrhunderts.

Es ist die Zeit, wo der Kampf des Kaisertums mit der Kirche und
in ihm der Kampf der Kaisergewalt mit der Fürstengewalt zum Nachteil der Reichseinheit als in der Hauptsache völlig entschieden angesehen
werden kann. Der partikulare Zug der Zeit kommt nun aber offenbar
und sehr begreiflicher Weise den einzelnen Landen und dadurch wieder
mittelbar der ganzen Nation sowie der christlichen Gesittung zu gute.

Im ersten Jahrzehnt des Jahrhunderts wird die Grafschaft Holstein-Stormarn Adolf I. aus dem kräftigen und tüchtigen Geschlechte
der Schauenburger im Weserthale verliehen. Um dieselbe Zeit kommt
mit Gottschalks zweitem Sohne Heinrich das Christentum und der
deutsche Einfluss in Wagrien wieder zur Geltung. Gleichzeitig erscheinen in der markgräflichen oder herzoglichen Stellung des dänischen
Prinzen Knut Laward in Schleswig und in den Landesversammlungen
zu Urnehöved (Hvornböi 1¼ Meilen südlich von Apenrade) die ersten
deutlicheren Spuren einer territorialen Aussonderung Schleswigs aus
dem Gesamtreiche Dänemark. Die anderthalb Jahrhunderte von der
Thronbesteigung Lothars von Suplinburg bis an das letzte Viertel des
13. Jahrhunderts, mit einem Wort die staufische Periode, d. h. also
die der völligen Ausbildung und Befestigung des Partikularismus ist für
die Besiedelung und Sittigung der cimbrischen Halbinsel, insonderheit
ihrer südlichen Hälfte, von ausschlaggebender und dauernder Bedeutung.

Denn noch während Lothars Regierung im Reich, aber Heinrichs des Stolzen im Herzogtum Sachsen und Adolfs II. in der Grafschaft Holstein-Stormarn beginnen unter dem Zusammenwirken von
Scepter und Krummstab, Schwert und Kreuz die Vorarbeiten zu der ungewöhnlich raschen und gründlichen Ueberwältigung des Wendentums
im östlichen Holstein: die Besetzung des Albergs oder die Gründung
der Siegeburg (Segeberg), an deren Fusse sich alsbald eine Kirche und
dann ein Kloster erhob, durch Lothar auf Weisung Vicelins, und die
Stiftung des „neuen Münsters" in Wipenthorp, slavisch Faldera, des
in seinen Wällen noch heute erhaltenen Klosters Neumünster (um
1134 oder 1136). Zum wiederholten, aber zum letzten Male hatte
nach Kanut Lawards Tode (1132) das slavische Heidentum unter Pribislaw in Wagrien und Polabien sich erhoben: Heinrich von Radewide,
durch Albrecht den Bären, in den Kämpfen Konrads III. mit Heinrich

dem Stolzen und dem Löwen zeitweiligen Herzog von Sachsen, zeitweiliger Graf von Holstein-Stormarn, rächte einen Ueberfall Segebergs und Falderns 1138—1139 durch zwei Feldzüge von solchem Nachdruck und so durchgreifender Schonungslosigkeit, dass Adolf II., als er nach der Wiederherstellung seines Lehnsherrn in Sachsen 1143 auch in seine Grafschaft zurückkehren durfte, dieselbe um Wagrien vergrössert übernehmen konnte. Lauenburg mit Ausschluss der südlichen, herzoglich bleibenden Gebiete, kam als Grafschaft Razeburg an Heinrich von Badewide. Und nun begann, da diese slavischen Gebiete durch Tod oder Vertreibung der Besitzer den Siegern zur herrenlosen Kriegsbeute geworden waren, in förderndem Anschluss an die neu geweckte Kreuzzugsbewegung der Zeit, die an den heidnischen Nachbarn bequemere Ziele fand, eine Kolonisationsthätigkeit eifrigster und berechnetster Art. Einen grossen Teil des gewonnenen Landes nahmen die ritterlichen Mannen des Grafen, die 1139 auf eigene Hand losgegangen waren, in Besitz, namentlich die schönen Gaue des „Landes Oldenburg" (terra Aldenburg), des Landes Lutikenburg, die terra Plunensis, d. h. die ganze Gegend, welche von jener Zeit an unter dem Namen der adligen Güterdistrikte das Kernland des Grossgrundbesitzes geblieben ist. Die überlebenden, oder sich fügenden Slaven wurden Leibeigene. Andere Teile kamen in späterer Zeit an Kirchen und Klöster in Lübek, Wismar und Pretz. Ausserdem aber rief Herzog Adolf durch laute und lockende Aufforderungen Flandern und Friesen, Holländer und Westphalen ins Land, die er teils in den klösterlich neumünsterschen Elbmarschen, teils in den Gauen Süssel, Eutin und bei Oldenburg ansiedelte. Der heldenmüthige Widerstand von 400 Friesen unter einem Priester Gerlav gegen einen slavischen Ueberfall zeigt, dass noch einige Zeit hindurch Bauer wie Priester gefasst sein mussten, Pflug oder Kreuz mit dem Schwerte zu tauschen.

Plön und Segeberg wurden wieder hergestellt; Lübek, das neue, an seiner jetzigen Stelle 1143 von Adolf II. gegründet, zeigt in raschem Aufblühen die Bedeutung seiner Lage wie des nationalen und religiösen Aufschwungs der Zeit. Vicelin, 1149 zum Bischof des lang verödeten Oldenburger Stiftes erhoben, gründet das Kloster Hagerasthorp oder Cuzalin (Högersdorf) bei Segeberg, in Bornhöved und Bosau Kirchen, sein Nachfolger Gerold Kirchen in Lütkenburg und Oldenburg, einen Markt und städtisches Leben in Utin, in welchem Gau das Oldenburger Bistum mit 300 Hufen ausgestattet wird. Um 1150 kommt als Kirchort Porez, 1151 Oldesloe vor, um 1156 wird eine Kirche in Alten-Krempe erwähnt; 1158 wird Lübek aus einer gräflich holsteinschen eine herzoglich sächsische Stadt des gefürchteten Slavensiegers Heinrichs des Löwen, die er mit grossen Freiheiten und Vorrechten ausstattet, zum Sitz des Oldenburger Bistums erhebt und mit dem Dome schmückt. Im selben Jahre 1158 begabt Herzog Heinrich unter Genehmigung Kaiser Friedrichs das Bistum Razeburg mit 300 Hufen, um 1178 bei Bergedorf eine Kirche, um 1181 tritt Travemünde hervor, 1182 entsteht an Stelle der Erteneburg das Schloss Lauenburg; der See Mulne, 1188 erwähnt, setzt einen Ort gleiches Namens voraus, das „alte Mulne" in einer Urkunde von 1194 genannt, die kürzlich geschehene Neu-

gründung der Stadt. 1189 stattet Adolf III. die Cistercienser, „welche
er nach Wagrien gerufen hat," mit der reich dotierten Abtei Reinfeld
aus; um 1197 werden Kirchen in Selent (Zalente), Schlamersdorf und
Sarau, 1199 zum erstenmal ausdrücklich Rendsburg, um 1200 als
Kirchort Wesenberg, 1219 eine Burg und 1222 ein Hafen Travemünde
erwähnt; in denselben Jahren entsteht aus unsicheren Anfängen das
Kloster für Benediktinerinnen in Pretz.

Mit dem Osten hält der Westen gleichen Schritt; um 1140 haben
Lunden, Büsum, Barmstedt Kirchen, Marne, Elmshorn (1141) sind
als Dörfer vorhanden; Burg in Dithmarschen hat 1150 eine Kirche,
Hamburg, wo Herzog Bernhard von Sachsen zwischen Elbe und Alster
eine „neue Burg" gegründet und neben dem erzbischöflichen in der
Altstadt seinen Wohnsitz genommen, das dann die gewöhnliche Re-
sidenz der Schauenburger Grafen geworden war, ist um 1150 bereits
den Arabern bekannt. 1200 erscheint Elmshorn (Helmeshorne), offenbar
ein alter Ort, zum erstenmale, als Dorf. Hohenwestedt, Kellinghusen
(Kerleggehusen, Schelinghusen?), 1217 und 1221 zum erstenmale bezeugt, werden als grössere Wohnplätze anzusehn sein.

Auch in Schleswig und Jütland zeigt sich in jener Zeit „der
Waldemare", wie überhaupt so auf kolonisatorischem Gebiete gesteigertes
Leben.

In Schleswig ist neben Ripen Tondern (Lütken-Tondern im Gegensatz zu Mögel-Tondern, vormals Thundür, dänisch Tönder) im Anfang des 11. Jahrhunderts als Handelsplatz bekannt. Hadersleben, obwohl urkundlich genannt erst im 13. Jahrhundert (Hatbärslöf, Haderslev)
kann nicht allzu lange nach Ripen und Tondern, mag eher schon vor
denselben entstanden sein. Auch Apenrade (Obenroe, dän. Aabenraa,
zusammenhängend mit einem benachbarten verschwundenen Dorfe Gam-
mel-Opnör), ebenfalls erst 1257 als Handelsort genannt, wird mindestens im 12. Jahrhundert bereits bestanden haben. Garding erscheint im Anfang des 12. Jahrhunderts als Kapellen-, Tönningen 1186
als Kirchort. Das Sonderburger[1] Schloss wird für eine Gründung
Waldemars des Grossen (1169) gegen die slavischen Seeräuber gehalten, noch älter das Norburger, das seinen ursprünglichen Namen
Als-Slot erst im Gegensatz zu der Süderburg verloren haben kann.
Flensburg, gleichfalls um eine Befestigung und zwar um die Johannis-
kirche herum, in der Husby-Harde, d. h. in Angeln, entstanden, gegen
die Mitte des 12. Jahrhunderts schon Sitz einer Knutsgilde, in der
ersten Hälfte der folgenden „grauer" und „schwarzer" Mönche, darf
mit einiger Sicherheit zu den ältesten Ortschaften des Herzogtums gerechnet werden. Cistercienser und zwar aus dem schwedischen Kloster
Herrisvad kommen 1173 nach Lygum, wohin das von Seem verlegt
wird; das Guldholmer wird vom Langsee nach Ryde oder Rye im
Glücksburger See übertragen. Fehmarn, erst seit dem 11. Jahrhundert
Dänemark unterworfen und von Dänemark aus christianisiert, so dass
es mit dem Stifte Fühnen vereinigt werden konnte, hatte eine ge-

---

[1] Vgl. Sondershausen und Nordhausen; Sundgau und Sund ist nach Kluge
die streng hochdeutsche Form.

mischte dänisch-slavische Bevölkerung, grössere Ortschaften aber noch
nicht.

In Jütland wird nach Viborg und Aarhus Aalborg, in Waldemars
Erdbuch 1231 Aleburgh genannt (von goth. alha, altsächsisch alah =
Tempel?), als einer der ältesten Handels- und Verkehrsplätze anzusehen sein, ist jedenfalls Adam von Bremen in der zweiten Hälfte des
11. Jahrhunderts schon bekannt. Die gewöhnliche Strasse der nordischen Pilger pflegte auf Aalborg, von da nach Viborg, so nach
Schleswig und weiter zu führen. Auch Kolding, im Mittelalter
Kalding, in Waldemars Erdbuch Kaldyng, Randers, bei Saxo Grama-
ticus Handrusium, im Isländischen Randarós, in dänischen Diplomen
Randrus und Randros, unsicherer Herleitung, und Horsens, in Waldemars Erdbuch Horsnaes, sonst auch Horsenaes (von Hors und naes,
Rossnaes?), gehören alle drei mindestens dem 11. Jahrhundert an,
werden mithin auch von dem Aufschwunge der Waldemarschen Zeit
nicht unberührt geblieben sein.

7. Nachdem nämlich an der Südküste der westlichen Ostsee die
unter Heinrich dem Löwen erwachsene deutsche Macht durch Heinrichs Aechtung und die Zerstückelung dieses ersten Ansatzes eines
grösseren norddeutschen Partikularstaates vernichtet war, dringt das
Dänentum, kräftig und rührig, wie es alle Zeit gewesen ist, über die
südliche Grenze vor, gewinnt die Dithmarschen, erobert Lübek, erobert Holstein-Lauenburg und einen Teil von Meklenburg, und der
angeblich deutsche Kaiser, damals der aufgeklärte Sicilianer Friedrich II.,
tritt die wichtigsten Gebiete des ganzen deutschen Nordens, alle Lande
jenseit der Elbe und der Elde an Waldemar II. ab. Durch den Sieg von
Volmir fassten die Dänen auch im Osten des baltischen Meeres festen
Fuss. Wieder ist es das deutsche Fürstentum, das sich im eigenen
Interesse der nationalen Aufgabe annimmt. Die wichtige Entscheidungs-
schlacht von Bornhöved 1227 wirft das Dänentum für immer in seine
Grenzen zurück: Holstein kam an seinen rechtmässigen Herrn, Adolf IV.,
zurück, Lauenburg an Herzog Albert, dessen Sohn Johann Gründer
der sächsisch-lauenburgischen Linie wurde, die hier bis 1689 bestanden
hat; Dithmarschen, die beiden aufblühenden Städte Hamburg und Lübek
dürfen wieder sich selbst angehören, in freier Entfaltung ihrer Kraft
und unbehinderter Ausbeutung ihrer Lage sich rüsten, weit über die
engen Grenzen ihrer Gebiete hinauszugreifen.

Dabei kommt nun den beiden holsteinischen Städten und den holsteinischen Grafen das allseitige, teils schon erfolgreiche und fortgesetzte,
teils neu aufgenommene Vordringen des christlichen Germanentums
gegen die heidnischen Slaven, Letten und Esthen und der sehr ausgesprochene Drang der Nation an das recht eigentlich doch germanische Meer, die Ostsee, zu statten. Meklenburg war durch Heinrich
den Löwen unterworfen, die Marken durch Albrecht den Bären koloni-
siert, Pommern auf demselben Wege besiedelt, auf den Spuren des Segeberger Missionars Meinhard von Hamburger und Wisbyer Kaufleuten
Riga gegründet, Livland erobert, und vom 4. bis 9. Jahrzehnt des
13. Jahrhunderts wurde vom deutschen Fürsten, Ritter, Bürger und
Bauer, Priester und Mönche in seltenem Verein die zähe Kraft des

preussischen Heidentums in einem rauhen Lande von unwegsamem Boden langsam aber sicher und gründlich gebrochen.

Ein ungemeiner Aufschwung des Verkehrs zur See musste die Folge hiervon sein; die äussersten Pole des nordischen Mittelmeers traten zum erstenmale in Beziehung und eine hohe Blüte besonders der Endpunkte der Verkehrsbahn entwickelte sich mit überraschender Schnelle.

Auf diese Steigerung von Handel und Schiffahrt im nordeuropäischen Binnenmeer war die Belebtheit des südeuropäischen Mittelmeers, im Anschluss an die nahezu ununterbrochenen Kreuzzugsbewegungen von 1189 bis zur Mitte des 13. Jahrhunderts, nicht ohne Einwirkung.

Endlich hat auch in diesem Zeitalter das religiöse Leben seine Wirkung auf kolonisatorische Thätigkeit von neuem erwiesen: der Höhenpunkt der Hierarchie unter Innocens III. und seinen Nachfolgern, der neue Aufschwung der mönchischen Richtung mit wesentlich veränderten, sehr praktischen Zwecken, wie er in den beiden bald so einflussreichen Orden der Dominikaner und Franziskaner sich kundgibt, sind auch in unserm Lande und für die Gestalt seiner Ansiedlungen wirksam geworden. In Lübek, dem natürlichen Brennpunkt aller Verkehrsstrahlen des Baltischen Meeres, mussten diese verschiedenen Antriebe gesteigertes Leben wecken.

Nach der Aechtung Heinrichs des Löwen von Kaiser Friedrich Barbarossa selbst in Besitz genommen und mit einem kaiserlichen Freibrief begabt (1183), dann eine dänische Besitzung, noch vor der Bornhövder Schlacht aber durch einen neuen kaiserlichen Freibrief im Lager von Parma (Mai 1226) für eine „stets freie und zum kaiserlichen Dominium sonderlich gehörende" Stadt erklärt, in ihrem Gebiete erweitert und gesichert, mit den weitgehendsten Zollfreiheiten, Erleichterungen, Hoheitsrechten ausgestattet, nahm Lübek einen kräftigen Anteil an dem Kampfe gegen den nordischen Nachbar, in dem es einen bedrohlichen Nebenbuhler auf der Ostsee erkennen musste, und gewann durch den Sieg die volle Freiheit seiner Bewegung zurück. Das Bündnis mit Hamburg 1241 sicherte die Transitstrasse von der Mündung der Trave bis „Hammenborg" und „von da durch die ganze Elbe bis in das Meer" gegen störende Gewaltthat und Strassenraub. So wuchs das kleine rührige Gemeinwesen in kurzer Zeit zu jener Stellung an der Spitze der deutschen Hansa empor, die es mehrere Jahrhunderte ohne verbrieftes Recht einzig und allein kraft seiner Machtmittel und staatsmännischen Klugheit behauptet hat, durch Geld- und Volkreichtum, Kriegs- und Handelsflotte, Pflege der Kunst und des Handwerks die Königin des deutschen, ja des europäischen Nordens.

Mit Notwendigkeit musste an diesem Aufschwung der gegebene Ausstrahlungspunkt des baltischen Durchgangsverkehrs an die niederländisch-englischen Küsten, Hamburg teilnehmen. Obwohl eine gräflich holsteinische Stadt und sogar Fürstensitz, erhielt auch Hamburg kaiserliche Zollbefreiungen, Fischereigerechtigkeiten und andere Vorteile und erfreute sich schon bald nach der Bornhövder Schlacht eines eigenen Stadtrechtes und des Münzregals.

Durch ganz Holstein verbreitet sich dieser Aufschwung auf dem Gebiete des Handels und Verkehrs, der Religion und der Sitte. Das mittlere Drittel des 13. Jahrhunderts ist die Entstehungs- oder Gestaltungszeit der schleswig-holsteinischen Kaufstädte, und die gehäuften, zum Teil völlig neuen und planmässigen Gründungen von Städten an der Küste wie im Binnenlande lassen auf das erneute Einströmen einer zahlreichen Bevölkerung von jenseit der Elbe, aus Flandern, Holland, Kehdingen und aus Westphalen, vielleicht auch Hessen schliessen. 1230 erhielt Plön Stadtrecht, 1238 gründete Adolf IV. auf dem alten Burgplatz die Neustadt von Itzehoe, mit lübschem Rechte bewidmet, das der Altstadt erst 1303 zu Teil ward. Zwischen 1233 und 1242, wo sie vom Grafen Johann I. ihr Gebiet zugewiesen und das lübsche Recht erhält, ist die Holstenstadt am Kyle[1] nach wohlberechnetem Bauplan mit regelmässigem Strassennetz entstanden, unter reger Beteiligung des holsteinischen Adels, aber auch, wie die Namen seiner Strassen noch heute bekunden, südelbischer Stämme. Eine gleich regelmässige Anlage und genau dasselbe Strassennetz zeigt die „Nygenstadt by der Krempen", Nienkrempe, Nygenstadt, Neustadt, deren Stadtverfassung dem Jahre 1244 angehören soll, deren Kirche, eine der schönsten des Landes, im Jahre 1259 erwähnt wird. Die dritte Kaufstadt an der holsteinischen Ostküste, Heiligenhafen (Helligenhafen, Havenis[2]), erscheint mutmasslich zuerst in der villa teutonica Helerikedorp und ist dann um die Mitte des Jahrhunderts mit dem lübschen Recht bewidmet worden. Die Kirche wird zuerst 1202 genannt. Seit dem Anfang des 13. Jahrhunderts kommt Veile (Waethlae, Waethel, Wedel) empor, 1257 ist Apenrade ein Handelsplatz, 1284 hat Flensburg, schon länger als villa forensis bezeichnet, städtische Verfassung, im selben Jahrhundert Horsens das schleswigsche Stadtrecht erhalten; 1268 werden die Eckernförder als oppidani bezeichnet. Kolding, seit der Mitte des Jahrhunderts als Grenzfeste wichtig, mag seine 1321 von Christopher II. bestätigten Privilegien um gleiche Zeit erhalten haben.

Auch im Westen und im Innern des Landes entwickelt sich das städtische Leben. 1243 hat Tondern das lübsche Recht, Hjörring seine ersten Privilegien, um 1250 Meldorf seine städtische Verfassung erhalten; 1255 erscheinen Krempe, um 1261 Razeburg und Mölln, 1269 Zarpen (Scerben, Tzerben), dem Kloster Reinfeld gehörig, im selben Jahr Ripen, 1275 Bergedorf und Lütkenburg, wenig später Wilster und Eutin, 1299 Bornhöved als Städte und zwar meist lübschen Rechtes.

Mit dieser sichtbaren Rührigkeit auf dem Gebiete der norddeutschen Sonderstaaten treffen die vom romanischen Süden her rasch fortgepflanzten Einwirkungen zusammen, die auf religiösem Gebiete von den Bettelorden, besonders den beiden berühmtesten, den Dominikanern und Franziskanern, ausgingen.

In rascher Folge erstehen in den cimbrischen Herzogtümern von

---

[1] Ueber den Namen s. zur Wortdeutung S. 553.

[2] Wenn nis die gewöhnliche mit naes verwandte, bis „gris nes" herabgehende Bezeichnung einer Landspitze ist, so wird es, wenngleich portus macer vorkommt, zweifelhaft, ob Have überhaupt mit Hafen etwas zu thun hat und nicht vielleicht das Haff meint.

1227 bis an und über die Mitte des Jahrhunderts eine Reihe von grund-
besitzenden und Bettelklöstern, mit vereinzelten Ausnahmen im Osten
des Landes, kein einziges im dithmarsischen oder friesischen Westen:
in unmittelbarer Nachwirkung des von den Zeitgenossen als ungewöhnlich schwerwiegend empfundenen Sieges von Bornhöved ward noch 1227
oder 1228 das Nonnenkloster Reinbek, Cistercienser Ordens, von Adolf IV.
selbst gegründet; 1227 das Franziskaner in Hamburg, gleichfalls von
Adolf IV. der heiligen Maria Magdalena geweiht, von ihm selbst als
Mönch bewohnt; gleichzeitig oder wenig später die Dominikanerklöster
in Lübek und in Hamburg, beide zum Dank für den Bornhöveder Sieg;
die von Haderslebon, Tondern, Ripen, Schleswig, gleiches Ordens, das
letztere, auffallenderweise auch der von den Holsten gefeierten Sieg-
verleiherin Maria Magdalena geweiht. Die Franziskaner erhielten schon
1225 einen Sitz in Lübek, im 4. Jahrzehnt dieses Jahrhunderts in
Ripen, in Schleswig, in Tondern; 1260 erst ward das Kieler Kloster fertig.
Gegen die Mitte desselben Jahrhunderts (1235) gründete Heinrich von
Barmstedt das Nonnenkloster Cistercienser Ordens in Uetersen, dem er seine
Burg an der Pinnau und die Hälfte des damaligen Dorfes Assebury überliess,
Heilwig, Adolfs IV. gleichgesinnte Gemahlin, vor 1247 das Nonnenkloster
Harvstehude (Herwardeshuthe). Um dieselbe Zeit entstand durch Ver-
pflanzung der Mönche aus dem gemeinsamen St. Johanniskloster in
Lübek das von Cismar; zwischen 1246 und 1250 hat das wiederholt
verlegte Nonnenkloster Porez seinen dauernden Platz an jetziger Stelle
erhalten; 1263 das bisherige Ivenfleeter den seinigen in Itzehoe; auch
das des heiligen Johannes bei Schleswig auf dem Holme muss vor 1250
gestiftet sein.   Aehnlich üben in mehreren der jütischen Städte
klösterliche und kirchliche Gründungen dieser Zeit Einfluss auf die Erweiterung der Ansiedelungen. Mit dem Ende des 13. Jahrhunderts
sind die geistlichen Stiftungen, von vereinzelten späteren, z. B. Arensbök (1386), Meldorf (15. Jahrh.), abgesehen, in der Hauptsache zum
Abschluss gekommen.

     Damit hat neben Adel und Städten ein dritter, der mittelalter-
lichen Gesellschaft wesentlicher Stand seine Ausbildung und Festsetzung
auch in den Herzogtümern erreicht.

     Gemäss der Doppelnatur der katholischen Kirche als einer Heils-
und Sittigungsanstalt und einer weltlichen Macht zugleich haben auch
die kirchlichen Einrichtungen in den einzelnen Ländern diese zwiefache
Bedeutung. Während die Bistümer, Domkapitel und Klöster als körper-
schaftliche Grossgrundbesitzer und reiche Pfründner eine massgebende
politische wie sociale Stellung gewinnen, üben sie nicht bloss auf Sitte
und Recht einen sehr sichtbaren Einfluss aus, sondern sie tragen zunächst im eigenen Interesse zur Bebauung und Ausnützung des Bodens,
zur Herstellung von Schutz- und Besserungsbauten, zur Gewinnung
neuer Kulturflächen, mittelbar also zum Aufblühen von Stadt und Land
in sehr erheblichem Umfange bei. Ihnen vorzüglich ist auch die Gründung einer Anzahl neuer Kirchen in den letzten Jahrzehnten des 13.
und den ersten des 14. Jahrhunderts zu danken, welche meist aus dem
Bedürfnis kleinerer Gemeinden und näherer Kirchwege hervorgegangen
sind: so hat um 1281 Albersdorf in Süder-Dithmarschen, Hohenaspe auf

Kosten von Hohenwestedt eine Kirche erhalten; 1286 wird eine Kirche in Bramsbüttel, auch in Grönitz, 1316 in Bramstedt, 1328 in Arensbök (Arnesboken = Adlernest?) erwähnt.

Im Anfang des 14. Jahrhunderts kann die Besiedelung der cimbrischen Halbinsel als wesentlich abgeschlossen gelten. Die politische Zerteilung des Landes hat sich im begreiflichen Anschluss an die natürliche Geschiedenheit der drei Abschnitte des Nordens, der Mitte und des Südens vollzogen. Zwar erstreckt sich die dänische Oberhoheit bis an die Eider. Aber infolge teils der Wichtigkeit, die Schleswig als eine Mark gegen den südlichen Nachbar hatte, teils des von Anbeginn dieser markgräflichen oder herzoglichen Stellung trotz naher und nächster Verwandtschaft sich entwickelnden Zustandes dauernder Spannung und Feindschaft zwischen den schleswigschen Herzögen und den dänischen Königen hat sich das Land südlich der tiefen Furche der Königsau mehr und mehr von dem übrigen Norden der Halbinsel gelöst und zu einem erblichen Herzogtum ausgebildet; eine Sonderung, die bald in dem aufkommenden Namen Schleswig als Bezeichnung des ganzen Landes sich kundgibt.

Jütland und Schleswig zerfallen nach alter nordischer Weise in Syssel, die Sysseln in Harden, d. h. Hundertschaften. Syssel gibt es nach Waldemars II. Erdbuch vom Jahre 1231 in Schleswig drei, das Barwith-, Ellüm- und Istathesyssel. Ausserhalb der Sysseleinteilung stehen die friesischen Utlande, mehrere Inseln, das durch verschiedene Gegenden zerstreute Krongut, Höfe, Dörfer, Stadtteile, ganze Distrikte, die geistlichen und adeligen Besitzungen, welche letzteren in früherer Zeit ziemlich gleichmässig über das ganze Herzogtum zerstreut waren, und die Städte. In Holstein haben sich zwei „Lande" ausgebildet: der Bauernfreistaat Dithmarschen und die Grafschaft Holstein [1]). Diese drei alten unter dem Namen Holstein vereinigten Gaue sind damals aber bereits so sehr aus einem Amtsbezirk in ein wirkliches Territorium, Land, übergegangen, dass Teilungen des Ganzen als eines väterlichen Erbgrundstücks schon seit geraumer Zeit (1273) als gewohnte Uebung galten. Dabei wird aber doch der Gedanke der Landeseinheit festgehalten: Gerhard II., der mit seinem Anteil und seinem Sitze Plön Wagrien, und Heinrich I., der mit Rendsburg das alte Holstenland darstellt, erhalten 1307 vom sächsischen Herzog Johann entgegen dem sächsischen Lehensrecht die Belehnung zur gesamten Hand. Durch ihre Vögte verwalten sie, soweit das Mittelalter überhaupt verwaltet, von den Hauptschlössern aus die unter sie gelegten Kirchspiele und begründen so bei fortgesetzter und wechselnder Teilung die bis auf unsere Zeit gebliebenen Aemter, deren

---

[1]) In den Urkunden des 12. und 13. Jahrhunderts wechseln die Bezeichnungen des Landes ziemlich bunt. Die Grafen nennen sich sehr oft von Holstein, Stormarn, Wagrien, und zwar auch noch in verschiedener Reihenfolge, oder Holstein und Stormarn in stehender Ordnung, am meisten aber doch, schon seit Ende des 12. Jahrhunderts, nur Grafen von Holstein (Holstatiae, Holtsatiae u. a., auch Alsatiae); die Namen Schauenburg bezw. Orlamünde treten wohl hinzu; der erstere erscheint oft auch allein; einigemal vertritt auch Wagrien die anderen Teile mit. Nordalbingien, Transalbingien meint entweder Lauenburg und Mecklenburg mit oder auch Holstein allein.

Amtmänner bis in unser Jahrhundert als fürstliche Satrapen betrachtet
werden mochten.

Neben den beiden Landen stehen die beiden „Städte" Hamburg
und Lübek mit mehr als ebenbürtiger Macht; Hamburg gilt noch immer
als eine holsteinische Stadt.

An der Ostsee erzeugt der gesteigerte Handelsverkehr der Hansa,
welche um die Mitte des 14. Jahrhunderts den Höhepunkt ihrer Macht
erreicht, Erweiterungen dörflicher Ansiedelungen oder Burgen zu städtisch
verwalteten Ortschaften, die aber zum Teil mit dem Ausgang des
Mittelalters auf ihren früheren Stand zurücksinken. 1323 wird Grube,
ausdrücklich zuerst erwähnt 1232, eine Stadt lübschen Rechtes genannt,
1329 kommen Ratsherren (consules) auch in Burg auf Fehmarn vor,
Grömitz (slavisch Grobenetze von grab Weissbuche), 1322 an das Kloster
Cismar verkauft, mag nicht viel später städtische Verfassung bekommen
haben, in deren Besitz es freilich erst 1440 erwähnt wird. 1436 hat Tönningen einen Bürgermeister, sein Stadtprivilegium ist erst von 1590.
Heide, 1404 noch ein kleines Dorf, nimmt seit dem Beschlusse der 8 nördlichen Kirchspiele vom 3. Februar 1447, auf Grundlage eines Land-
rechts ein Landesgericht zur Unterdrückung jeglicher Fehde
herzustellen — zu welchem Gedanken das deutsche Reich sich erst 1495
erhob — und dasselbe an dem Punkte, wo die drei Döfte, denen sie
angehörten, sich berührten, an dem Schneidepunkte der nordsüdlichen
Längenstrasse und des ostwestlichen Querweges, „up der Heide" zu
errichten, „die Heide" also, wie der Dithmarscher bis heute richtig
sagt, nimmt als Sitz des Landesgerichts durch den hinzutretenden Markt-
verkehr, dessen frühere Bedeutung noch heute durch den ungewöhnlich
grossen Marktplatz bezeugt wird, rasch einen solchen Aufschwung, dass
es bald, obwohl immer nur noch ein Flecken, die alte Landeshauptstadt
überholte. 1448 trennte sich der zuerst 1252 als Husenbro erscheinende
Ort Husum oder Husen als eigenes Kirchspiel von Mildstedt ab und
ward 1465 zur Stadt erhoben.

Während dieser anderthalb Jahrhunderte waren in dem Verhältnis
der deutschen Grafschaft Holstein und des dänischen Herzogtums
Schleswig bedeutsame Veränderungen vorgegangen. Obwohl die Teilungen des Territoriums unter die jedesmaligen Söhne fortdauerten,
wie sie seit 1273 in Holstein Sitte geworden waren und zum Hervortreten bald zweier, bald mehrerer fürstlicher Linien geführt hatten, als
deren Sitze Itzehoe, Rendsburg, Kiel, Plön, Segeberg in wechselnder
Weise erscheinen, weiss doch 1326 der Rendsburger Graf Geert der
Grosse durch kluge und kräftige Benutzung seiner Verwandtschaft mit
dem schleswigschen Herzogshause und der damaligen politischen Lage
in Dänemark die Belehnung mit dem Herzogtum Süderjütland d. h.
Schleswig zu erlangen. Deutsche Ritter, vorwiegend aus den damals
mächtigen Geschlechtern des holsteinischen Adels, setzen sich besonders
in der südlichen Hälfte des Oststreifens fest, verdrängen die dänische
Sprache und öffnen deutschem Wesen das einst so gut deutsche,
aber seit der Völkerwanderung fast dänisierte Land. Geert bleibt der
erste Erwerber dieses Landes für Deutschland. Seine Söhne hielten trotz
manchen Wechsels der Lage den väterlichen Anspruch fest. Klaus

erwarb am 60. Jahrestage der ersten Belehnung das Herzogtum, das
im Jahre von Gerts Ermordung durch Niels Ebbesen 1340 zum erstenmale mit deutscher Bezeichnung als Schleswig vorkommt, aufs neue
als ein zwar dänisches, aber im Gesamthause der Holsten Grafen erb-
liches Fahnenlehen.   Und als nun aus einem 30jährigen Kriege das
Grafenhaus siegreich hervorgegangen war und 1440 Graf Adolf VIII.,
Klaus' einziger überlebender Enkel, zu Kolding das dänische Fahnenlehen Schleswig in bündigster und feierlichster Weise zum drittenmale
dem deutschen Fürstenhause erworben hatte, schien es für immer un-
angefochten im deutschen Besitze bleiben und einer baldigen Germani-
sierung entgegengehen zu müssen.

8. Aber die Gegenwirkung blieb nicht aus. Der „Rat des Landes"
bot 1460, um nach dem Aussterben der holsteinischen Schauenburger
einer Trennung der Lande durch Erbgang vorzubeugen, dem Dänen-
könig Christian I. aus dem Oldenburger Grafenhause die Hand, nicht
bloss Schleswig zurück-, sondern auch Holstein dazu zu gewinnen,
immerhin unter der feierlichsten Gewähr einer reinen Personalunion der
„auf ewig ungeteilten" beiden Lande mit dem Königreich Dänemark.
Schon unter Christians Sohn Johann I. beginnen trotz der Privilegien
die Teilungen wieder und zerlegen, ohne die Einheit des Landes anzu-
tasten, jedes der beiden Territorien in vielfach wechselnder Weise in
eine Anzahl gesonderter Gruppen von Aemtern, die nur vom Gesichts-
punkt der Ausgleichung an Einkünften gemacht zu sein scheinen und
bunt durch beide Herzogtümer zerstreut liegen. Als die Reformation
die grosse Menge geistlichen Gutes zu einem bedeutenden Teile herrenlos
machte und der „Welt" überwies, griffen Fürsten und Ritterschaft um
die Wette zu. Die schleswig-holsteinischen Ritter, mächtig durch den
Besitz bedeutenden Grund und Bodens, der Landstandschaft und ge-
wisser Hoheitsrechte über ihre Unterthanen, retteten für ihre Körper-
schaft die vier wohl ausgestatteten Klöster Schleswig, Pretz, Itzehoe
und Uetersen. Die übrigen Klöster verwandelten sich meist in fürstliche Schlösser, ihre Besitzungen in fürstliche Aemter, die nunmehr eine
erhebliche Quote der fürstlichen Landesanteile bilden. 1559 gelingt
es endlich auch der verbündeten Fürstengewalt, erstarkt wie sie infolge der Reformation überall war, das freie Dithmarschen zu unter-
werfen und aufzuteilen.

Gegen das Ende des 16. Jahrhunderts beginnen sich die mehreren
Teile auf zwei Hauptteile abzurunden, einen königlich dänischen und
einen herzoglich gottorpischen, neben denen noch die kleinen Gebiete der sogen. abgeteilten Herren, eine Art privater Fürstentümer,
stehen und auch die Besitzungen von Prälaten und Ritterschaft als
gemeinsamer Anteil für sich verwaltet werden. Die Herrschaft Pinneberg,
ein Besitz der Stammlinie an der Weser, die freie Reichsstadt Lübek stehen
aussen vor. Hamburg konnte noch immer die förmliche Anerkennung
einer gleichen Stellung nicht durchsetzen. Der Bischof oder Admini-
strator des Stiftes Lübek suchte gleichfalls und mit wachsendem Er-
folge seine Zugehörigkeit zum Lande Holstein zu lösen. Die mehreren
Fürstenschlösser zu Hadersleben, Norburg, Augustenburg, Glücksburg,
Gottorp, Plön, Eutin, Reinfeld, die freilich nur kurz bestehende Reichs-

grafschaft Rantzau, gebildet aus dem kleineren Anteil von Pinneberg,
endlich das reichsritterschaftliche Gut Wellingbüttel, „terre appartenante
au baron de Kurtzrock et immédiatement soumise à l'Empire d'Alle-
magne", wie der Grenzpfahl den biedern Holsten meldete, spiegeln den
deutschen Partikularismus im engen Rahmen eines Territoriums in bezeichnender Weise wieder.

Jene scheinbare Vereinfachung der Zersplitterung beider Lande
durch eine Zweiherrschaft musste über kurz oder lang zu der unver-
meidlichen Entzweiung zwischen zwei an Macht so ungleichen Genossen
führen, die obendrein gemäss dem allgemeinen Zuge der Zeit auf Stär-
kung und Unumschränktheit der fürstlichen Gewalt eifrig bedacht waren.

Unter diesen Verhältnissen erwuchsen am Ende des 16. und im
Laufe des 17. Jahrhunderts eine Anzahl neuer städtischer Gründungen
teils im königlichen, teils im fürstlichen Gebiete. 1582 liess Hans der
Jüngere in dem eben erhaltenen Anteil das alte Ryckloster abbrechen
und ein Schloss, Glücksburg, in dem schönen Waldsee, den einst die
Mönche zu finden gewusst hatten, erbauen, um welches sich dann der
freundliche Flecken erhob. Derselbe erbaute 1599—1604 nahe dem
niedergerissenen Kloster zu Reinfeld ein festes Schloss mit Wasser-
künsten und schönen Gärten, das 1772 wieder verschwunden ist und
1839 ein stattliches Schulhaus zum Nachfolger erhalten hat.

Im Jahre 1616 legte Christian IV. von Dänemark in seinem Anteil an Holstein, nach vorangegangener Eindeichung der Bülowschen
und Blomeschen Wildnis, am nördlichen Ufer des Rhins, da wo er
in die Elbe mündet, „zur merklichen und ansehnlichen Verbesserung
Unseres Fürstentums Holstein", wie es in der Gründungsurkunde vom
22. März 1617 heisst, auch „zu mehrerer Sekurität", wie sein Sohn
Friedrich in der Bestätigung der städtischen Privilegien sagt, vornehm-
lich aber wohl aus Handelseifersucht gegen das damals noch schauen-
burgische, eben aufkommende Altona und gegen das blühende, stets
unbotmässige Hamburg, eine Stadt an, die er Glückstadt nannte, mit
dem lübschen Rechte, genau so wie es Wilster hatte, und in den zwan-
ziger Jahren noch mit weiteren Privilegien ausstattete, allen Religions-
bekenntnissen öffnete, endlich auch zu einer unverächtlichen Festung und
zum Sitz der holsteinischen Regierungskanzlei erhob. Die Stadtgemeinde
konstituierte sich 1620 mit einem Magistrat von zwei ernannten Bürger-
meistern, zwei Ratsherren, einem Stadtsekretär und einem Deputierten-
kollegium von acht Männern, in welchem alle drei „Nationen", Hochdeutsche, Niederländer, Portugiesen (Lutheraner, Reformierte, Juden),
vertreten sein sollten. „Gouverneur" der „Stadt und Feste Glückstadt"
war der Amtmann von Steinburg. 1620 folgte der wissenschaftlich
angeregte und mit den Besserungsbestrebungen seines königlichen Kol-
legen wetteifernde Herzog von Gottorp Friedrich III. dessen Beispiel
und stellte am 21. Oktober eine Urkunde aus, in welcher er, um seine
Lande „zu Wohlfahrt und geschwindem Zunehmen zu bringen", denjenigen Personen „remonstrantischer Konfession", welche, wie er berichtet sei, „andere Wohnungen suchen" und auch wohl in „seine
Fürstentümer und Gebiete" kommen wollten, „um sich häuslich nieder-
zulassen, ihre Religion in Freiheit zu beleben und ihre negotia und

Handel zu betreiben", „sichern Distrikt zur Wohnung an dem Eider-
strom, an und rund herum den drei Schleusen oder der neuen Fähre
vergönnte und anwies". Die Remonstranten sollten die Regierung der
Stadt und exercitium publicum ihrer Religion haben, wie auch die Einwohner augsburgischer Konfession. Diese Regierung sollte zu einem Drittel
aus fürstlicher Ernennung, zu zwei Dritteln aus Kooptation der ernannten
hervorgehen. Den fürstlichen „Statthalter" ernannte der Fürst, aber aus
der „niederländischen Nation". Ausserdem ward der Stadt Freiheit von
Einquartierung und auf 20 Jahre auch von Steuern und Zöllen gewährt. Durch eine Urkunde vom 13. Februar 1623 wurde den „Menno-
nisten" „gnädig gewilligt und fürstlich versprochen", sich „ungehindert,
sicher und kühnlich in Unsre Friedrichstadt zu wohnen begeben" zu
dürfen und „jeder Unseren andern zu Friedrichstadt gesessenen Bürgern
und Einwohnern gegebenen Privilegien genusshaft" sein zu sollen, ohne
zu Leistung von Eiden, Uebernahme von publica officia oder Gebrauch
von Wehr und Waffen verpflichtet zu sein. 1624, 25. Februar, erging
eine ähnliche „Konzession" zu Gunsten der katholischen Gemeinde, da
Friedrichstadt vor allem auf den Handel mit den „regnis Hispaniarum
et ditionibus Belgicis" angewiesen sei. Weitere ergänzende Erlasse folgten
nach, unter anderen 1706 einer für die Quäker. Das Stadtrecht, eine
für alle Verhältnisse bis ins einzelne ausgeführte Arbeit, 562 Seiten im
corpus statutorum Slesvicensium, deutsch und holländisch wie die Stiftungs-
urkunde, zeigt uns inmitten eines unumschränkt regierten Fürstentums
das bemerkenswerte Bild einer völligen städtischen Selbstverwaltung.

Die neue Anlage dehnt sich als ein rechtseitiges Viereck zwischen
der Eider und dem untersten aufgestauten Ende der Treene aus, die
in zwei Haupt- und mehreren Seitensträngen durch die Stadt in den
Hauptfluss geleitet wird; mit diesen ihren „Grachten", ihren baum-
besetzten geraden Strassen, der Form ihrer Bürgersteige bis heute eine
völlig holländische Stadt. Die bald an diesen Westseehafen geknüpften
Pläne, den persischen Seidenhandel nach Kiel und von da auf gottorpischen Strassen über Friedrichstadt in den westlichen Ocean zu leiten,
zu welchem Zwecke eine für gottorpische Verhältnisse grossartige Ex-
pedition nach Persien gesandt wurde, haben sich nicht verwirklicht.
Wie bei Glückstadt zeigte sich hier der fürstliche Wille doch der Macht
der Verhältnisse gegenüber ohnmächtig. Auch die königliche Schöpfung
Friedrichs III. auf Bersodde am Kleinen Belt, begründet durch einen
Freibrief vom 15. Dezember 1650, Fridericia, zunächst bestimmt zu
einer wirksamen Zuflucht- und Flankenstellung auf jütischem Boden,
wie Alsen es war auf schleswigschem, hat den weitergehenden Hoffnungen seines Gründers, trotz späterer Freibriefe, besonders Christians V.
1682, nicht entsprochen.

Dagegen kam durch die seiner Oertlichkeit innewohnende Gewalt
dicht an der westlichen Grenze Hamburgs, dem jetzigen Bek oder
Stadtgraben, vormaligen Altenaa oder Altenau, ein Platz immer wieder
empor, der, im Anfang des 14. Jahrhunderts abgebrannt, gegen die
Mitte des 16. Jahrhunderts unter dem Namen Altona wieder erscheint,
1547 aufs neue durch Feuer zerstört, trotz der Gegenwirkungen der
Hamburger bald auch wieder ersteht und seit 1601 allen Religions-

genossen geöffnet, 1616 bereits als Städtlein bezeichnet wird. 1640 ward durch Aussterben der schauenburgischen Stammlinie die Herrschaft Pinneberg, zu welcher der Ort gehörte, erledigt. Der königliche Mitherzog ging mit dem Löwenanteil davon; zu ihm gehörte Altona. 1640, 23. August, verlieh König Friedrich III. dem von der Herrschaft eximierten, vielversprechenden Ort sein erstes Stadtprivilegium, dem weitere Vergünstigungen folgten. Durch die aller Gegenbemühungen spottende Bedeutung seiner Lage, die Nähe des damals in vollem Aufblühen begriffenen Hamburgs, den Zuzug reicher und geschäftstüchtiger Fremden, namentlich portugiesischer Juden und holländischer Remonstranten, gewann diese Stadt in wenig Jahrzehnten einen Wohlstand und eine Volksmenge, denen auch die wiederholten Brandschatzungen im nordischen Kriege, die Feuersbrunst vom Jahre 1711 und die berüchtigte Verheerung 1713 durch den schwedischen General Steenbock nichts anhaben konnten.

Durch Altona musste das bereits 1310 erwähnte, 1548 zu einem eigenen Kirchorte erhobene Ottensen, dem bis 1649 Altona eingepfarrt war, als Vorstadt je länger desto mehr mit gehoben werden. Auch Pinneberg (Bynnenberghe), ursprünglich nur ein festes, im 30jährigen Kriege nicht unbedeutendes Schloss, das 1720 abgebrochen ward, scheint durch Altonas Emporkommen und durch das Bedürfnis einer kürzeren Verbindung Altonas mit Elmshorn geweckt zu sein, hat aber Fleckensgerechtigkeit erst 1826 erhalten.

Nach entgegengesetzter Richtung wuchs unter gleicher Einwirkung das ursprüngliche Dorf, dann Schloss, das im Jahr 1034 erst zu einem Kirchorte erhobene, damals aber auch als Freistadt für Juden gesuchte Wandsbeck (richtiger Wansbek) an der Wanse, mit seinem grossen Nachbar empor.

Bredstedt wiederum, ein alter Ort und schon 1510 als Flecken bezeichnet, hat sich trotz der von Christian IV. 1632—1633 und Friedrich III. 1654 erhaltenen Vergünstigungen und Privilegien aus seiner örtlichen Bedeutung heraus nicht zu erheben vermocht.

Derselben Zeit und zwar der Regierung Friedrichs III. gehört auch Friedrichsort an. Ursprünglich legte zur Ueberwachung seines herzoglichen Mitfürsten von Schleswig-Holstein Christian IV. 1632 auf Priesort, d. h. auf der zur Feldmark des Dorfes Pries gehörenden Spitze, die den innern Kieler Meerbusen schliesst, eine Festung an, die er Christianspries nannte, 1044 aber schon von Torstenson eingenommen sehen musste. Sein Nachfolger Friedrich III. liess die Festung 1648 schleifen, später aber (1663) auf der jetzigen Stelle, etwa 250 m von der früheren entfernt, die durch den Kirchhof bezeichnet ist, wieder herstellen und nannte sie nunmehr Friedrichsort. Dass dieselbe je nach den wechselnden Königen bis zur Regierung Friedrichs V., d. h. also bis in die Mitte des 18. Jahrhunderts bald Friedrichsort, bald Christianspries genannt worden ist, mag als Unicum und als bemerkenswertes Zeichen der absolutistischen Zeitströmung eine Bemerkung verdienen.

Auch die gottorpische Regierung setzte ihre Bestrebungen zur Hebung des Landes nach dem Sinne und Geiste der Zeit und den geltenden Auffassungen von fürstlicher Machtvollkommenheit fort. Im

Jahre 1634 hatte eine der furchtbarsten Fluten, deren die Ueberlieferung gedenkt, in einer einzigen Nacht nicht bloss viele Tausende
von Menschen und Vieh, sondern auch die ganze reich angebaute,
3 Meilen lange, 2 Meilen breite Insel Nordstrand in ihren Wellen be-
graben. Die kleinere Hälfte derselben tauchte wieder auf, aber in
zwei voneinander gerissenen Stücken: das westliche, Pellworm, wurde
in den nächsten Jahren von den verarmten Einwohnern durch neue
Deiche notdürftig geschützt. Das östliche aber blieb einige Jahrzehnte
hindurch undeicht; und nun ward eine Massregel verhängt von un-
glaublicher Ungerechtigkeit und Tyrannei: der Herzog Friedrich überwies die Insel durch Octroi vom 18. Juli 1652 an eine holländische
Gesellschaft, welche die Mittel hatte, die Eindeichung und Sicherung
der Insel durchzuführen, und freie Religionsübung für Katholiken wie
Reformierte, sowie unabhängige Gemeindeverwaltung zugestanden erhielt.
Ohne einen Groschen Entschädigung wurden die vom Schicksal schon
so schwer Heimgesuchten von Haus und Hof getrieben. Der Thränen-
strom, mit dem die Gemeinde die Ankündigung von der Kanzel auf-
nahm, stellte die Summe ihres Widerstandes dar. Der schleswig-hol-
steinische Westen aber hatte wieder einmal seine uralte Beziehung zu
dem ganzen niederdeutschen Küstenlande bewährt, die bis auf den heutigen Tag einen leisen Strom der Wanderung her wie hin fortgenährt hat.
      Um dieselbe Zeit suchten die Gottorper ihre Gebiete durch Festungs-
bauten zu sichern und legten namentlich in Tönningen, das erst 1590
unter Johann Adolf städtische Verfassung erhalten hatte, 1644 mit
einem unverhältnismäsigen Kostenaufwand eine starke Festung an,
welche jedoch die nicht mehr allzu ferne Vergewaltigung durch den
übermächtigen Mitherzog zu verhindern nicht imstande war.
      Anderer, obwohl zum Teil doch wieder verwandter Art und in
unserm Lande einzig dastehend, eine rechte Kolonie und Stätte der
Freiheit, ist die kleine Schleistadt Arnis.
      Gequält und bedrängt von der Gutsherrschaft des benachbarten
Roest, welche Hoheitsrechte über das ursprüngliche Fischerdorf Kappeln (genannt von einer St. Nikolauskapelle) gegenüber dem Schleswiger
Domkapitel behauptet und durchgesetzt hatte [1]) und welche damals,
wie es scheint, mit mehr als gewöhnlicher Willkür Eigentum, soweit
es vorhanden sein konnte, Freiheit und Leben bedrohte und antastete,
gaben 64 Kappeler Familienväter — über 30 waren zurückgetreten —
mit mutigem Entschlusse Haus und Herd auf, um am 11. Mai 1667
„mit gebogenem Knie und mit aufgereckten Fingern unter blauem
Himmel" [2]) dem Herzog Christian Albrecht den Huldigungseid zu leisten
und auf der von demselben überlassenen damaligen Insel Arnis eine
neue Heimat zu gründen, welche die Mittel ihres Unterhalts einzig und
allein in Fischfang und Schiffahrt zu gewinnen angewiesen war und
gewonnen hat, bis die Lostrennung von Dänemark die Quellen ihres
bescheidenen Wohlstandes abschnitt.

<hr>

[1]) Erst 1807 hat die Regierung den Flecken für 186 000 Mark vom Gute
Roest frei gekauft.
[2]) Vgl den interessanten Bericht des Pastors Scholz im N. Staatsb. Magazin III,
720 ff.

Im 18. Jahrhundert kommen einige Orte zu Flecken empor, einer wird neu gegründet.

Wyk auf Föhr, bis ins 17. Jahrhundert ein kleines Fischerdorf, 1634 von heimatlos gewordenen Bewohnern der durch die grosse Flut zerstörten Gebiete angebaut, erhielt 1706 von Herzog Christian August Lostrennung von der Landschaft und eigene Gerichtsbarkeit. Ebenso ward Barmstedt, dieser alte Adelssitz einer einst mächtigen Familie, 1737 mit Fleckensgerechtigkeit ausgestattet.

Im Jahre 1771 erwarben die mährischen Brüder von der dänischen Regierung unter Christian VII. zur Zeit der Struenseeschen Verwaltung die Erlaubnis, im Amte Hadersleben eine Niederlassung zu erbauen, und legten am 1. April 1773 den Grundstein des ersten Hauses. Der völlig regelmässig angelegte Ort Christiansfeld, mit Befreiung von Einquartierung wie Kriegsdienst und Freiheit zu jedem Gewerbebetrieb ausgestattet, blühte bald zu jenem lieblichen Städtchen empor, das den aus Jütland Herkommenden durch den freundlichen Schmuck seiner Gärten und die Ordnung und Sauberkeit eines ganzen Aeussern mit so wohlthuender Ueberraschung anmutet.

Dasselbe Jahr, das die letzte grössere Neusiedlung in unserm Lande entstehen sah, ist auch das, wo eine bedeutsame Bewegung auf politischem Gebiete zu ihrem Abschluss gelangte.

Das Erstarken der Fürstenmacht hatte mit Notwendigkeit das Bestreben nach Vergrösserung und Abrundung des Gebiets erzeugt. Eine Zersplitterung des Bodens, wie sie die Doppelherrschaft zweier regierender Herzöge in zwei gesonderten und einem gemeinschaftlichen Anteil und daneben noch mehrerer „abgeteilter Herren" herbeigeführt hatte, musste den allmählich steigenden Ansprüchen an eine geordnete Verwaltung gegenüber unhaltbar erscheinen. 1640 hatte der königliche Herzog den grössten Teil der Herrschaft Pinneberg an sich gebracht, 1721 gelang es ihm, den herzoglichen Mitfürsten zunächst nur thatsächlich aus Schleswig zu verdrängen, 1726 vereinigte er die aus dem kleineren Anteil an der Herrschaft Pinneberg hervorgegangene Reichsgrafschaft Rantzau, dann die Herrschaft Norburg, das glücksburgische Arröe, das „abgeteilte" Herzogtum Plön, endlich 1773 den ganzen damals sogen. grossfürstlichen Anteil an Holstein mit dem königlichen, so dass 1779 nur noch das kleine Fürstentum Glücksburg zu erwerben war, um endlich wieder einmal ein ungeteiltes Schleswig-Holstein herzustellen, aus dessen Verbande freilich durch Verzicht die Stadt Hamburg, als Reichsstadt schon 1471 in der Matrikel geführt und thatsächlich bestehend und blühend, immer aber noch in einem unklaren Verhältnis zum Lande Holstein, 1768 ausdrücklich entlassen worden war. Auch das Stift Lübek hatte sich seit dem 17. Jahrhundert der holsteinischen Staatshoheit thatsächlich ganz entledigt und ward 1803 als säkularisiertes Fürstentum Eutin oder Lübek der im Besitz befindlichen jüngeren gottorpischen Linie belassen, 1823 mit dem Herzogtum Oldenburg in einer Hand vereinigt. 1815 war das seit 1689 hannöverische kleine Fürstentum Lauenburg unter dänische Hoheit gekommen, also mit dem Lande vereinigt, zu dem es jedenfalls geographisch am nächsten gehört. Immer blieben aber noch auf

so engem Raum vier verschiedene Staatshoheiten nebeneinander bestehen: die dänisch-schleswig-holsteinische, die hamburgische, die lu-
bekische und die oldenburgische. Obendrein waren die Gebiete der
letzteren drei Staaten in mehrere Parzellen zersplittert; die eutinischen
wurden erst durch den Vertrag von 1842 mit Dänemark auf zwei
Hauptgruppen abgerundet; lübisch ausser dem geschlossenen Kern um
die Stadt waren 9 kleine Flecke innerhalb des holsteinischen, lauen-
burgischen und strelitzischen Gebiets, hamburgisch ausser dem Stamm
4 innerhalb des alten Stormarn, will sagen 11 Quadratmeilen in 15 Fetzen
zerrissen. Auch an gemeinschaftlichem Besitz Hamburgs und Lübeks,
Amt Bergedorf, fehlte es nicht. In Schleswig gab es eine Reihe düni-
scher Umschlossenheiten; Ueberreste mittelalterlicher Kindlichkeit des
staatlichen Lebens, welche die letzte Neuordnung der Dinge für die
hanseatischen Enklaven zu beseitigen noch keine Zeit gefunden, immerhin
auch kein so dringliches Interesse mehr gehabt hat.

9. Diese neue Zeit beginnt für unsere Halbinsel, wie auf politischem so auf volkswirtschaftlichem und Verkehrsgebiet, mit dem Jahre
der Julirevolution. Wie urzeitlich bis weit in unser Jahrhundert hinein
die Strassen und die Mittel des Landverkehrs waren, möge zur besseren
Würdigung der ungewöhnlichen Fortschritte des letzten halben Jahrhunderts hier in kurze Erinnerung gebracht werden[1]). Den Grund
zum Postwesen als einer staatlichen Einrichtung legte Christian IV.
durch zwei Verordnungen vom Jahre 1624. Unter den sieben Post-
routen, welche 1625 in Dänemark bestanden, ist auch die von Kopenhagen nach Hamburg über Middelfart und Kolding. Friedrich III.
richtete auf derselben Route, aber über Assens und Hadersleben, eine
wöchentlich zweimalige, reitende Briefpost ein, welche den Weg in
dreimal 24 Stunden zurücklegte und eine wöchentlich einmalige Fahrpost über Kolding für Personen, Gelder und Güter, nicht für Briefe.
Christian V. ordnete auf dieser Grundlage den Verkehr 1694, so wie
er bis 1890 unverändert bestanden hat; nur von Hamburg besorgten
die Kopenhagener Kaufleute auf eigene Rechnung sich briefliche Nachrichten noch zweimal wöchentlich mehr. Von Hadersleben setzte sich
die Route teils westlich nach Ringkjöping, teils nördlich nach Aalborg
fort. Christian V. setzte auch bereits die oben charakterisierte Längen-
zweigstrasse von Rendsburg auf Lübek, sowie die zwischen Hamburg-
Glückstadt und Glückstadt-Itzehoe in Betrieb. Friedrich IV. zog (1720)
Heide, Husum, Tondern und benachbarte grössere Orte mit hinein.
Eine tägliche und an einigen Tagen selbst doppelte und dreifache Verbindung fand im 18. Jahrhundert allein zwischen Lübek und Hamburg statt. Der dänische Staat unterhielt seit 1777 einen reitenden
Boten wöchentlich zweimal, die Städte daneben einen gleichen täglich
und gleichfalls täglich, seit 1802 nur dreimal wöchentlich eine Fahrpost. Zwischen Kiel und Altona bewegte sich bis 1832 eine „Diligence" wöchentlich einmal in 24 Stunden und darüber. In Meldorf,

---

[1]) Vgl. Uebersicht über den Postengang etc. Bericht an den Finanzminister
vom Generalpostdirektor 1862. — Systematische Sammlung der für die Herzogtümer
Schleswig und Holstein erlassenen ... Verordnungen und Verfügungen, Bd. VIII.

der alten Hauptstadt des abgelegenen Dithmarschens, wohin 1720 eine
Fahrpost über Itzehoe von Hamburg in Gang gesetzt zu sein scheint,
jedenfalls aber nicht auf die Dauer, pflegte die Ankunft des Omnibus
von Wrist noch bis in die Mitte dieses Jahrhunderts jedesmal von einer
ansehnlichen Menge Teilnehmender begrüsst zu werden. In Brief-
verkehr durch reitende Boten stand es mit den verschiedenen Richtungen an verschiedenen Wochentagen, an denen die Ablieferung nur
zu genau bemessenen Tagesstunden angenommen wurde. Ein Ort von
der Entlegenheit wie Lemwig (etwa 1400 Einw.) konnte Pakete nur
viermal im Jahre entsenden und empfangen.

Zur Besorgung des auf diesen Strassen sich bewegenden Verkehrs
genügten im Jahre 1625 im Königreich Dänemark 36 Poststationen,
deren Zahl erst 1801 auf 82, darunter 15 in Schleswig, 24 in Holstein,
3 in Eutin, Lübek, Hamburg, 1833 auf 127 sich gehoben hatte. Die
Kosten eines Briefes beliefen sich nach den Verordnungen von 1734
und 1779, je nach den Entfernungen innerhalb Elbe und Königsau, von
1—6 Schilling, 7½—45 Pf.; 4 Schilling, 30 Pf. kosteten 14—21 Meilen
noch nach der Taxe von 1818, so dass ein Brief von Wandsbeck
nach Säby zu 36 Rbs. d. h. ungefähr 90 Pf. angesetzt ist. Entsprechend waren die Preise der Personenbeförderung. Ein Reisender
bezahlt, so beginnt die Verordnung vom 9. Dezember 1836, vom 1. Januar
1837 an: 1. an Postgeld beim Einschreiben (in den Herzogtümern)
22½ Rbs. Silber (keine „Zeichen"!), 2. an Trinkgeld für den Postillon
auf jeder Station 13 Rbs., 3. Einschreibegebühr und Wägegeld 13 Rbs.,
4. Litzenbrudergeld 13 Rbs., 5. Litzenbrudergeld unterwegs beim Pferde-
wechsel 6 Rbs.; so dass die erste Meile auf circa 20 Schilling „lübsch",
d. h. auf M. 1,50 zu stehen kam. Dafür hatte dann der Reisende
nach einem Cirkular vom 29. August 1789 auch einen Stuhl mit Lehnen
hinten und seitwärts auch ein leinenes Strohkissen, vor
allem einen haltbaren Wagen zu beanspruchen. Eine Extrapost, auf
der man für einen erheblichen Zuschlag, 8 Schilling die Meile, seit
1835 4 Schilling, einen sogen. Chaisenstuhl haben konnte, gab es nur
noch in den belebtesten Plätzen; in Kiel z. B. erst seit 1813. Die
Wege, namentlich in dem schweren Lehmboden Ostholsteins und vollends in der Marsch, waren im Winter teils gar nicht, teils nur mit
äusserster Anstrengung und selbst nicht ohne Gefahr zu passieren.
Wer von Schleswig etwa eine Winterreise nach Hamburg unternahm,
pflegte vorher zum Abendmahl zu gehen. Berüchtigt war, auf-
fallend genug, besonders die belebteste Landstrasse, zwischen Hamburg
und Lübek. Auf den Heiden, wo in Ermangelung eines Wegekörpers
oder einschliessender Knicke im Osten, begleitender Gräben im Westen
jeder sich seine Wagenspur selbst wählte und oft 5—10 und mehr
nebeneinander zu Gebote standen, lag die Möglichkeit des Verirrens,
zumal bei Schnee, so nahe, dass streckenweise die Richtung durch Pfähle
bezeichnet war und bei Bau- und Bommerlund Leuchtfeuer (1799) nötig
befunden wurden. Als im Jahre 1849 die gemeinsame Regierung von
Itzehoe nach Meldorf eine tägliche Eilpost in Betrieb setzte, gehörte, zumal auf der berüchtigten Strecke des Schweinemoors, jenen
„pontes longi" der Hemmingstedter Schlacht, das Umwerfen zu den

allnächtlichen Vorkommnissen [1]). Dabei fehlte es an Wegeordnungen,
welche Erhaltung und Besserung der Fahrstrassen bei grossen Geld-
strafen den Anliegern einschärften, seit mindestens 1711 nicht. Neu-
bauten von einiger Bedeutung gehörten kaum in den Gesichtskreis der Zeit.
   Lebhafter ist zu allen Zeiten zwischen den Küstenstädten der Verkehr zur See gewesen, namentlich einerseits mit den dänischen Landes-
teilen und den gesamten Ostseeküsten, andererseits der auf der Nordsee
durch weit überwiegende Vermittlung Hamburgs mit England und
Amerika und der ganzen Welt.
   Mit dem 1. Juni 1832 beginnt für den Verkehr und zwar namentlich zu Lande auf der cimbrischen Halbinsel eine neue Zeit, die eines
planmässigen Kunststrassenbaues. „Vom 1. Juni," so kündigt das Kieler
Korrespondenzblatt, selbst ein Wetterzeichen des kommenden Frühlings,
welches das Land „mit sich selbst in Korrespondenz zu setzen" gegründet war, mit bewusster Genugthuung an, „wird täglich . . . eine
Diligence nach Altona abgehn und täglich eine ankommen. . . Zu
gleicher Zeit wird mit der Diligence eine Briefpost verbunden, so dass
man künftig" — es schien einer eigenen Versicherung zu bedürfen —
„täglich nach Hamburg, Altona und dem Auslande Briefe absenden und
Briefe von dort empfangen kann."
   Die erste Chaussee des Landes war in den Jahren 1830 und 1831
fertig geworden, die von Kiel nach Altona.
   1844 schon ward sie durch eine Eisenbahn überholt, König
Christians VIII Ostseebahn, am 18. September, seinem Geburtstage,
eröffnet, der sich 1845 die Rendsburg-Neumünstersche und Glückstadt-
Elmshorner, 1854 die infolge der dänischen Politik unglaublich verfehlte
Ohrstedt-Rendsburger, eine Zweigbahn der Flensburg-Husum-Tönninger
anschlossen. Hatte nämlich die Kiel-Altonaer schon aus Besorgnis unge-
nügenden Ertrages von Neumünster an statt der geraden südlichen Richtung eine sehr beträchtliche Ausbiegung nach Westen gemacht, um den
Verkehr der beiden von Itzehoe an vereinigten cimbrischen Nord-Süd-
Strassen zu fassen, so wurde vollends die gemeinsame Nord-Süd-Strasse
der Ostküste, die zunächst auch nur von Flensburg an gewagt wurde, aus
politischer Berechnung nach dem damals regierenden eiderdänischen System
nicht gerade auf Schleswig-Rendsburg, sondern auf Husum gebaut und
so der Nord-Süd-Verkehr zu dem unglaublichen Umwege über Ohrstedt,
etwa eine Meile von Husum, gezwungen, dabei obendrein die schlecht-
gesinnte Stadt Schleswig weit abseits liegen gelassen; Fehler kurzsichtiger
Parteiwut, die 1869 unter neuen Kosten gebessert werden mussten.
   So von einem ersten Irrtum ausgehend hat das gegenwärtige
Eisenbahnnetz der ganzen Halbinsel eine von der natürlich gegebenen
vielfach verschobene Gestalt angenommen.
   Die grosse Nord-Süd-Strasse, so gewiesen wie nur möglich, macht
schon in Jütland, am meisten in Holstein begriffswidrige Zickzack-
bewegungen, an denen die Kiel-Altonaer, ein Stück der Kopenhagen-

---

[1]) Auch in anderen europäischen Staaten sah es nicht viel besser aus. Von
Edinburg nach London und zurück rechnete man 12—16 Tage; es galt für ratsam,
sein Testament zu machen. Vgl. Jansen: Uwe Jens Lornsen. Kiel 1872.

Altonaer Linie teilnimmt. Dieser Fehler hat neuerdings (1884) die Bahn Kaltenkirchen-Altona nach sich gezogen, eine Sekundärbahn, welche die geforderte Ergänzung Kaltenkirchen-Neumünster aussichtslos macht. Die Längenstrasse der Westküste, die von Rechts wegen mit einer Zweigbahn Elmshorn-Itzehoe hätte begonnen werden sollen, ward durch die zuvorkommende Zweigbahn Elmshorn-Glückstadt verdorben, an welche sich nun Itzehoe-Glückstadt anzuschliessen passend fand. Erst 1878 ward sie bis Heide, erst in diesen Tagen wird sie bis Ripen fortgeführt. Die Hauptquerstrasse, Lübek-Hamburg, ward erst nach Beseitigung der dänischen Landeshoheit (1865) möglich. Die oben erwähnten Gabelungen der herrschenden Längenbahn, von Flensburg durch Angeln auf Eckernförde und Kiel, die von Schleswig mit Ausnahme der Strecke Schleswig-Eckernförde, die von Neumünster auf Lübek, auch auf Oldenburg sind hergestellt; die von Rendsburg auf Kiel wird neuerdings vorbereitet. Die Lübek-dithmarsische Querstrasse ist in der Richtung Oldesloe-Neumünster-Heide wieder erstanden. Die Querbahn Schleswig-Husum, wenn auch auf einem Umwege, der eine Querbahn Rendsburg-Husum nach sich ziehen wird, ferner die von Flensburg auf Tondern, wieder auf einem Umwege, die von Kolding nach Ripen und nach Esbjerg, die durch die grösste Breite Jütlands von Grensae über Randers nach Viborg und nach Holstebro, endlich die südlichste, die von Lübek nach Lauenburg, sind vorhanden. Ganz verschoben sind die natürlich gegebenen Schenkel der beiden Küstenstrassen auf der ostholsteinischen Halbinsel: statt der beiden Linien Kiel-Lütkenburg-Oldenburg und Oldenburg-Neustadt-Lübek mit einer Grundlinie Kiel-Plön-Ahrensbök oder Eutin-Lübek dreht sich eine Schlangenlinie von Kiel über Aschberg, Plön, Eutin, Neustadt nach Oldenburg und eine Zickzacklinie von Lübek über Eutin und Neustadt nach Oldenburg.

Es ist zu erwarten, dass das cimbrische Eisenbahnnetz unter weiterer Entwicklung der Verkehrs- und Ansiedlungsverhältnisse, die seit 1863 begonnen hat, noch erhebliche Aenderungen und Berichtigungen zu erleiden haben wird. (Vgl. S. 555.)

Denn 1863 hatte dem dänischen Wahn und Hohn gegen Deutschland die Stunde geschlagen.

So wie die dänische Politik 1779 an das Ziel ihrer Bestrebungen gekommen war, Schleswig-Holstein durch Beseitigung aller Kleinfürsten zu einem Ganzen abzurunden, begann sie ein hartnäckig festgehaltenes, immerhin zuerst leise gehandhabtes System der Danisierung des nach ihrer Anschauung seit 1721 inkorporierten Schleswig, des nach 1806 beim Zerfall des deutschen Reiches gewissermassen von selbst inkorporierten Holstein. Aus dem Schlummer diesen versteckten Versuchen gegenüber rief die frommen Holsten der unvergessliche Uwe Jens Lornsen. Er „determinierte" den Willen seiner Landsleute, wie er gehofft, „auf immer". Was 1848—1851 misslang, ward 1864 zum guten Ende geführt. Lauenburg 1865, Schleswig-Holstein 1867 wurden preussisch, Preussen aber war deutsch geworden: seit 1870 weht eine Fahne und waltet eine Reichshoheit über die südliche Hälfte der cimbrischen Halbinsel; die Partikularstaaten wie im Deutschen Reich überhaupt, so im Süden Holsteins haben ihre Bedeutung verloren.

Eine neue Einteilung des Landes zum Behufe der Verwaltung und der Gerechtigkeitspflege. trat an die Stelle der alten, die im engen Anschluss an die geschichtliche Entwicklung einen Grundstock ältester Gliederung erhalten hatte.

Das Herzogtum Schleswig zerfiel bis 1863 in Aemter oder Landschaften, adelige Distrikte und Städte.

Die Ostseite bestand aus den acht Aemtern: Hadersleben (Osteramt), Apenrade, Sonderburg, Norburg, Flensburg, Gottorp, Hütten, Fehmarn und der Landschaft Arröe; dazu aus den fünf Güterdistrikten: zwei Angler, je einer von Schwansen und Dänischem Wohld und der des St. Johannisklosters; die Westseite aus den sechs Aemtern: Westeramt Hadersleben, Lygumkloster, Tondern, Bredstedt, Husum, den Landschaften Stapelholm, Eiderstedt, Nordstrand, Pellworm. Die Städte waren: Hadersleben, Apenrade, Flensburg, Schleswig, Eckernförde, Sonderburg, Burg im Osten; Tondern, Husum, Friedrichstadt, Tönning, Garding im Westen. Dazu kamen in der Marsch die octroiierten Köge.

Das Herzogtum Holstein hielt zunächst in den beiden Landschaften Norder- und Süderdithmarschen die Grenzen des alten Freistaats, im Amte Steinburg die beiden Marschen Wilster und Krempe, in den Kanzleigütern und den sogen. Wildnissen, der Herrschaft Herzhorn und dem Itzehoer Güterdistrikt die übrigen Marschgemeinheiten, in der Herrschaft Pinneberg, in der Grafschaft Rantzau gleichfalls historische Gesondertheiten fest. Reinbek, Trittau, Tremsbüttel waren die Aemter der östlichen Hälfte des alten grossen Stormarn; auf die beiden grossen Aemter Rendsburg und Neumünster war das eigentliche alte Holsten verteilt. Wagrien war aufgegangen in die Aemter Kiel, Kronshagen, Bordesholm, Segeberg, Plön, Arensbök, Traventhal, Reinfeld, Rethwisch, Cismar. Ausserhalb dieser zu fünf Gruppen unter je einem Amtmann in sich zusammengelegten Bezirke, einstiger Bestandteile der wechselnden fürstlichen Parzellen, standen die klösterlichen Distrikte von Uetersen, Itzehoe, Pretz, der Itzehoer, Kieler, Pretzer, Oldenburger Güterdistrikt, die holstein-gottorpischen Fideikommissgüter, die lübschen Güter und die lübschen Stadt-Stiftsdörfer, im östlichen Wagrien bunt zerstreut, in der Marsch wiederum die octroiierten Köge. Städtische Verwaltung hatten: Wilster, Itzehoe, Krempe, Glückstadt, Altona, Kiel, Lütkenburg, Oldenburg, Heiligenhafen, Plön, Neustadt, Rendsburg, Segeberg, Oldesloe. Hamburg, Lübek, Eutin waren die Hauptstädte der Partikularlande.

Das Herzogtum Lauenburg bestand aus vier Aemtern: Schwarzenbek, Lauenburg, Steinhorst und Razeburg, 22 adeligen Gütern von zum Teil ungewöhnlichem Umfange und drei Städten: Lauenburg, Mölln, Razeburg.

Unter Preussen wird Schleswig-Holstein, worin seit 1876 auch das anfangs gesondert verwaltete Lauenburg als Kreis, aber Kreis Herzogtum Lauenburg, aufgenommen ward, eine preussische Provinz, unter einer Provinzialregierung und einem Provinziallandtage; geteilt zum Behufe der Verwaltung in 21, jetzt 22 Kreise, unter denen zwei städtische: Kiel und Altona. Von den alten Aemtern und Landschaften sind wenigstens dem Namen nach eine Anzahl erhalten: Hadersleben, Apenrade, Sonderburg, Flensburg, Schleswig, Eckernförde, Tondern, Husum, Eiderstedt, Kiel, Plön, Oldenburg, Rendsburg, Segeberg, Stormarn, Norderdithmarschen, Süderdithmarschen, Steinburg, Pinneberg, Herzogtum Lauenburg. Zum Behufe der Gerechtigkeitspflege bestehen 70 Amtsgerichte, verteilt auf die drei Landgerichte Flensburg, Kiel und Altona, unter einem Oberlandesgericht.

Bedeutende Veränderungen traten durch die Aufnahme in das grosse südliche Reichszollgebiet und Reichspostgebiet ein in dem ganzen Verkehrswesen, besonders im Warenverkehr. Alte Verbindungen mussten abgebrochen, neue geknüpft werden. Wo das letztere nicht gelang, z. B. in Kappeln, in Arnis ist Stillstand und Rückgang eingetreten. Die Zugkraft der Grossstädte wirkt bei dem freien und erleichterten Verkehr auf die kleineren nachteilig ein; nur an einzelnen Punkten ist ein Aufschwung bemerkbar. Die Bevölkerung hat teils durch das natürliche Anwachsen, teils durch Einwanderung erheblich zugenommen; eine Zuwanderung, welche einigen Plätzen aus den alten preussischen Provinzen, besonders aus Ostpreussen, sodann aber auch aus Schweden und selbst aus Dänemark einen nicht ganz unbedeutenden Bruchteil ihrer arbeitenden Bevölkerung zugeführt hat. Eine Mischung des Sachsenstammes mit andern germanischen oder halbgermanischen, slavischen Elementen, eine der Masse unbewusste Durchdringung der lutherischen Kirche des Landes mit „evangelischen", d. h. unierten Bestandteilen, neben denen Katholiken und Juden zahlreicher werden, eine Veränderung auf dem Gebiete der Sitte, endlich eine immerhin nur noch leise, aber doch wahrnehmbare Zersetzung des niederdeutschen Sprachgebrauchs sind Folgen jener politischen Veränderung gewesen; Folgen, die an Umfang wie Bedeutung weiter sich entwickeln werden.

III. Ergebnisse.

1. Die Natur und Lage der cimbrischen Halbinsel bedingt die Kreuzung zweier Hauptrichtungen des gesamten Völker- und Menschen-Verkehrs, der sich überhaupt je auf ihr bewegt hat, der Wanderungen sowohl als der Reisen: Nord-Süd, Ost-West. Beide haben notwendig eine Gegenrichtung: Süd-Nord, West-Ost.

Welche dieser Strömungen jedesmal die ursprüngliche gewesen ist, lässt sich nicht mit Sicherheit entscheiden; jedoch deuten Zeichen und Verhältnisse allgemeiner Art darauf hin, dass die Einwanderung von Osten und zwar zu See und Lande und die von Norden die frühere, die von West und Südwest zur See, die von Süden zu Lande die spätere gewesen ist.

Auf das unzweideutigste bezeugen die Ueberbleibsel der Urzeit eine Scheidung der Bevölkerung in eine östliche und eine westliche, eine der Ostsee und eine der Westsee zugewandte, eine dichtere und eine spärlichere, getrennt durch weite und unwirtliche Niederungen.

Ausdrückliche geschichtliche Nachrichten und glaubliche geschichtliche Analogien gestatten die Annahme, dass die Halbinsel viele Jahr-

hunderte, vielleicht Jahrtausende vor Christi Geburt in ihren höheren und
festeren Teilen bewohnt und ausreichend bevölkert gewesen ist. Eine andere
als „scythische", d. h. germanische Urbevölkerung ist nicht nachweisbar.

Im 5. Jahrhundert ist eine skandinavische Einwanderung von
Norden und eine slavische von Osten mit Sicherheit anzunehmen. Der
erstere der beiden Ströme kommt teils an der Widau, teils an dem
Abschnitt Schlei-Treene zum Stehen; der zweite macht an der Westgrenze der Insel Land Oldenburg nur vorübergehend Halt und dauert
die folgenden Jahrhunderte weiter fort, bis er ungefähr das Gebiet des
Geschiebethons eingenommen hat.

Die zweite Einwanderungs- und Besiedlungsperiode, veranlasst
durch die Gestaltung einer romanisch-germanischen Weltmonarchie,
beginnt mit dem Ende des 8., Anfang des 9. Jahrhunderts und dehnt
sich in ihren Nachwirkungen über das 10. und 11. Jahrhundert aus;
die dritte fällt in das 12., die vierte in das 13.; die fünfte folgt erst
im 17. Jahrhundert.

Die erste betrifft nur den holsteinischen Osten, die zweite den
Westen und Südwesten, die dritte mehr das Innere und das Grenzland
gegen die Ostzone, die vierte vorwiegend die Ostküste, doch auch den
Westen, die letzte spielt, von Friedericia abgesehn, im Westen allein.

Die Slaven bauen vorwiegend Burgen und Brückenköpfe, die Franken
Burgen und Kirchen, das 12. Jahrhundert gleichfalls Burgen, Kirchen
und Klöster, das 13. Kaufstädte und Klöster, das 17. Freistädte. Als
innere Triebfedern erscheinen zunächst das Bedürfnis der Ausbrei-
tung und Landerwerbung, dann nationaler Gestaltungsdrang, weiter
teils der fürstlich-partikularistische Zug der deutschen Entwicklung
teils das kräftig aufblühende Städtewesen, endlich wieder fürstliche
Reform- und Herrschaftspolitik; begleitend aber und mitwirkend, oft
selbst bestimmend kommt in allen drei mittleren Perioden der missio-
narische Drang der katholischen Kirche, in der letzten das religiöse
Freiheitsbedürfnis der evangelischen in Betracht, das selbst noch den
einzigen vereinzelten Spätling unter den Ansiedlungen Schleswig-Holsteins
im achtzehnten Jahrhundert, Christiansfeld, erzeugt.

Massgebend aber erscheint in der ersten Periode nationaler Instinkt,
in der zweiten kaiserliche Staatsweisheit, in der dritten das ritterliche
und fürstliche Interesse, in der vierten der bürgerliche Thätigkeitsdrang,
in der letzten wieder fürstliche Politik.

Innerhalb des einmal feststehenden Rahmens der Ansiedlungen
haben im Laufe der Zeit durch Zuwanderung in bestimmte, vorzugsweise gesuchte Punkte bedeutende Veränderungen stattgefunden, im
Mittelalter an der Ostsee, in der neueren Zeit an der Westsee, beide
Male aber am Fusse der Halbinsel hervorragende Anhäufungen ver-
kehrender wie sesshafter Menschen veranlasst.

Von Nationalitäten sind, soweit sie überhaupt als solche, d. h. als
grundverschieden angesehen werden können, vorzugsweise nur zwei be-
teiligt, die skandinavische und die deutsche, richtiger die Nord- und
Südgermanen; von den letzteren diejenigen Stämme, welche die süd-
westliche Hülfte der kontinentalen Basis der Halbinsel bewohnen; von
der östlichen Verlängerung der Basis ist nur vorübergehend die slavische

Nation eingedrungen. Die Grenze zwischen den beiden germanischen Stämmen ist im Westen die untere Widau bis auf den heutigen Tag geblieben; im Osten Jahrhunderte hindurch die Schlei und der Eckernförder Meerbusen gewesen, aber nicht geblieben; nur in der wenig belebten Mitte des Landes springt noch ein dänischer Keil bis zur mittleren Treene vor, von Friesen und Angeln westlich und östlich überflügelt. Die ganze Scheidung ist als eine geschichtlich entwickelte, nicht ursprüngliche, von wenig grösserer Bedeutung anzusehen, als der Abstand zwischen andern deutschen Stämmen auch.

2. Die Verteilung der Bewohner über das in Rede stehende Gebiet ist bis heute im wesentlichen dieselbe wie in den ersten erkennbaren Urzeiten.

2a. Die Bevölkerung häuft sich zunächst in der Längenrichtung auf dem ganzen Ostgürtel, und zwar in steigendem Masse je weiter nach Süden; häuft sich seit Herstellung und Sicherung der Deiche in dem Marschsaume wiederum, je weiter nach Süden, desto mehr; ist spärlich und dünn in der grösseren westlichen Hälfte von Jütland südlich des Limfjords, in der Mitte Schleswigs und der nördlichen Mitte Holsteins. In der südlichen Mitte Holsteins nimmt sie allmählich zu, steigt dann an der Elbe und um Hamburg herum bis zu einem Grade der Dichtigkeit, der nirgends sonst mehr, am entferntesten nicht in Schleswig und Jütland, erreicht wird [1]).

2b. In der Querrichtung treten Wert und Bedeutung der drei geschichtlich gesonderten Teile der Halbinsel, sei es nach ihrer Belegenheit innerhalb des Ganzen, sei es nach ihrem Boden, in der verschiedenen Dichtigkeit der Bevölkerung sehr sprechend hervor.

Es hat nämlich [2]):

	Quadr.-Meilen	Einwohner insgesamt			Auf die Quadratmeile		
		1870 bezw. 71	1880	1845	1870 bezw. 71	1880	1845
Jütland . . .	460	778 119	1 048 511	—	1718	2271	—
Schleswig . .	158	403 568	418 318	400 932	2554	2647	2537
a) Hrzgt. Holstein	—	572 168	728 831	749 301	—	—	—
b) Lauenburg	—	49 000			—	—	—
c) Eutin	—	34 553	53 145	34 719	—	—	—
d) Hamburg (ohne Ritzebüttel)	—	538 525	414 515	511 164	—	—	—
e) Lübek	—	58 158	63 571	47 658	—	—	—
Land Holstein .	194	1 060 218	1 264 062	1 362 846	5465	6515	7030

[1]) Ravn (Populations Kart over det Danske Monarki 1845) unterscheidet Gebiete mit weniger als 1000 Einwohnern in Holstein von der Segeberger Heide spitz zulaufend bis südöstlich von Rendsburg, in Schleswig von Treya sich verbreiternd bis an die Nipsau, in Jütland mehr als die westliche Hälfte, ausgenommen nur die Küsten und Inseln des Limfjord und das nördliche Dreieck; sodann Gebiete mit mehr als 2500 Einwohnern in Holstein die Marsch und den Osten mit einer Ausnahme zwischen Neustadt, Eutin und Land Oldenburg, in Land Oldenburg, in Schleswig die südliche Marsch und die Halbinseln bis Sundewith, von den Inseln Föhr, Alsen und halb Fehmarn, in Jütland den Osten bis Aarhus; Gebiete mit mehr als 4000 nur in Holstein, nämlich den Elbrand der Marsch, Hamburg, Lübek und Kiel mit Umgebung, namentlich die Probstei. Alles übrige blieb zwischen 1000 und 2500 Einwohnern.

[2]) Die folgende Uebersicht beruht teils auf amtlichen Veröffentlichungen, teils auf freundlichen Mitteilungen der betreffenden statistischen Aemter in Kopen-

Noch immer also steigt die Bevölkerungsdichtigkeit mit der südlicheren
Lage; aber der Unterschied zwischen Jütland und Schleswig ist in
rascher Ausgleichung begriffen: hatte Schleswig 1870 noch 841 Menschen mehr auf die Quadratmeile, hat es 1880 nur noch 370 mehr
und ist seitdem noch um rund 17 000 Einwohner zurückgegangen.
Dagegen hat Jütland mit der Zunahme des holsteinischen Gesamt-
gebietes nicht Schritt gehalten; 1870 hatte das letztere 3772 Menschen
auf die Quadratmeile, 1880 schon 4244. Die Einwirkung der
politischen Veränderungen auf die Besiedlung der Halbinsel tritt deutlich heraus. Für die Folgezeit ist eine Ueberflügelung der Mitte durch
die dänische Nordhälfte der Halbinsel und ein noch stärkeres Zurück-
treten derselben gegen den Süden zu erwarten; eine Ueberflügelung
des ganzen Schleswig-Holstein aber durch Jütland liegt ausser der
rechnungsmässigen Wahrscheinlichkeit. 460 Quadratmeilen jütischen
Bodens tragen jetzt rund 1 100 000 Einwohner, 352 Quadratmeilen schleswig-holsteinischen Bodens 1 770 000. Die Bedeutung der cimbrischen
Halbinsel nimmt nach wie vor ab mit der Entfernung vom Körper des
Weltteils, die der skandinavischen und griechischen steigt.

2c. Die Zunahme der Bevölkerung trifft die verschiedenen Teile
und Punkte der Lande in sehr ungleichmässiger Weise; am stärksten
wachsen im allgemeinen die Städte. Es hatten [1]):

	1870 bez. 1871		1880		1885	
	ländl. Bev.	städtische	ländl. Bev.	städtische	ländl. Bev.	städtische
Jütland	677 857	110 262	729 363	319 148 [2])	—	—
Schleswig . . .	315 830	87 738	306 236	112 082	298 475	102 457
a) Herzogt. Holstein	383 731	373 351	416 200	772 631	437 395	312 008
b) Lauenburg . .	r. 34 000	13 000				
c) Eutin	50 633	3 700	50 571	4 374	50 033	4 668
d) Hamburg						
(ohne Ritzebüttel)	33 346	559 179	36 353	610 127	39 767	471 411
e) Lübeck . . .	r. 10 134	41 704	10 796	58 785	10 593	57 045
Holstein	474 324	585 834	503 945	760 117	517 698	845 148
Schleswig-Holstein						
inkl. Hamburg etc.	790 214	673 572	810 281	872 199	816 173	947 605

Auch hier zeigt sich ein Zurückbleiben Schleswigs gegen Jütland
und gegen Holstein. Jütlands städtische Bevölkerung bildet zu der

hagen, Oldenburg, Hamburg und Lübek. In Jütland ist 1885 keine Zählung erfolgt. Das Jahr 1870 bezieht sich auf die dänische, 1871 auf die deutsche Zählung.
Unter „Land Holstein" ist das hamburgische, lübsche und eutinische Gebiet mit
befasst. Die Angaben für 1885 sind sogen. vorläufige.

[1]) Das Verhältnis der ländlichen und städtischen Bevölkerung ist hier auf
Grundlage der amtlichen Listen und deren Unterscheidung zwischen Städten und
Flecken einerseits, Landgemeinden andererseits bestimmt. Die folgende Tabelle
(S. 543), in der unterschiedlos alle grösseren Orte mit 2000 Einwohnern und dar-
über zusammengestellt sind, muss etwas andere Ergebnisse liefern.

[2]) So die Angabe des statistischen Bureaus in Kopenhagen. Wie die allzu
grosse Differenz gegen das Ergebnis auf Seite 543 zu erklären ist, vermag ich
nicht zu sagen. Die entsprechende für die schleswigschen und holsteinischen Städte
ist klein genug, um sich aus der Weglassung der Orte unter 2000 Einwohnern zu
erklären.

ländlichen 1870 etwa ein Sechstel, 1880 schon nähert sie sich der
Hälfte; Holsteins städtische Bevölkerung übersteigt schon 1871 die
ländliche um rund 100000, 1880 um rund 250000, 1885 um rund
320,000; in Schleswig ändert sich das Verhältnis wenig: 1870 haben
die Städte etwas mehr als ein Viertel der Landbevölkerung, 1880 und
1885 etwas mehr als ein Drittel.

Schleswig-Holstein zusammengenommen hat 1871 noch einen Ueber-
schuss der ländlichen Bevölkerung von rund 170000 Menschen, 1880
bleibt bereits die ländliche gegen die städtische um rund 62000, 1885
gar um 131000 zurück.

2d. Die Belegenheit derjenigen Ansiedlungspunkte, in welchen
sich die Bevölkerung in mehr oder minderer Dichtigkeit zusammendrängt,
entspricht den oben aufgestellten Gesetzen, wie nachstehende Tabelle [1])
anschaulich machen wird.

Aufs schlagendste tritt uns der Zug entgegen, der die Menschen
an das Element des Lebens und der Bewegung, das Meer, zieht. Von
den 72 Städten oder stadtartigen Orten liegen 56 teils am Meere, teils
in wirksamer Verbindung mit ihm, teils doch in seinem Bereiche, nur
10 in der Mittelzone, auch diese fast ausnahmslos an Flüssen oder
Seen. Von ihnen allen kommen auf Holstein allein 11, auf Jütland 5,
das schmalere Schleswig hat keine einzige. Die Zahl ihrer Einwohner
ist gering: 13 haben zwischen 2000 bis über 7000 Einwohner; von
den 3 erheblich grösseren stellt Rendsburg einen wichtigen Flussüber-
gang und eine Strassenkreuzung, Neumünster einen Knotenpunkt
mehrerer Wege dar, Wandsbek nährt sich von der nahen Grossstadt.

Von den beiden Gestadezonen übertrifft die östliche an Zahl der
Niederlassungen die westliche mit 34 gegen 22; dennoch aber an Be-
völkerungsmenge die westliche die östliche 1880 mit 597397 gegen
318499 um fast die Hälfte.

Der Flächeninhalt von Schleswig-Holstein zu dem von Jütland
verhält sich etwa wie 3:4; die Zahl der Städte aber wie 49:21,
d. h. wie 7:3. Schleswig, ungefähr ⅓ von Jütland, steht an Zahl
der Städte wie 6:11; wenn man, wie geographisch richtig wäre, Ripen
zu diesem Herzogtum rechnet, noch etwas günstiger. Holstein, an
Quadratmeilenzahl zu Jütland etwa wie 3:8, verhält sich an Zahl der
Städte wie 39:21, d. h. nahezu wie 2:1.

In der Grösse der Weststädte Jütlands und Schleswigs zeigt sich ein
gewisses Gleichgewicht; jedoch liegt die eine, welche erheblich grösser ist,
nach dem Süden des Landes zu, wo auch die Zahl derselben sich häuft.
In Holstein bleiben von den Weststädten nur 4 unter 4000 Einwohnern und
2 unter 6000 Einwohnern; Heide, Itzehoe, Ottensen, Altona, Hamburg
stellen eine wahrhaft reissende Steigerung von rund 7000 zu 10000,
zu 20000, zu 100000, zu fast 500000 dar. Die Bedeutung des Knoten-
punktes, der Länge und Belebtheit der hier sich verdichtenden Strassen,

---

[1]) Aufgenommen sind unter die grösseren Orte alle, welche 1885 mindestens
2000 Einwohner hatten, für Jütland, welche sie nach der Wahrscheinlichkeitsrechnung
haben mussten. Die Abgrenzung zwischen Westen, Mitte und Osten ist teils nach
dem Verhältnis zur Küste, teils, namentlich in Holstein, auch mit nach der Bodenart
und den Verkehrsbeziehungen getroffen.

Städtische Bevölkerung

der Westseite.

	1870 bz. 1871	1880	1885		1870 bz. 1871	1880	1885
1. Thisted	3.507	6.184	—	1. Hjörring	3.236	—	—
2. Ringkjöbing	1.546	2.055	—	2. Nykjöbing	2.846	—	—
3. Varde	2.564	3.497	—	3. Skive	1.053	—	—
4. Kolding	660	1.958	—	4. Holstebro	1.017	—	—
5. Ribe	3.864	3.833	—	5. Viborg	4.021	—	—

des Innern.

	1870 bz. 1871	1880	1885
1. Rendsburg	11.511	12.976	12.163
2. Neumünster	6.884	11.403	13.656
3. Kellinghusen	2.134	2.007	2.170
4. Brunstedt	2.911	1.933	1.938
5. Barmstedt	2.477	2.719	2.760
6. Plöneberg	2.791	3.674	3.866
7. Wellingen	—	2.520	3.097
8. Wandsbek	10.899	14.148	17.141
9. Bergedorf	3.900	4.200	3.900
10. Lauenburg	—	4.116	4.716
11. Mölln	—	4.337	4.335

der Ostseite.

	1870 bz. 1871	1880	1885	insgesamt 1870 bz. 1871	1880	1885
1. Silkeborg	1.615	1.994	—			
2. Frederikshavn						
3. Aalborg	9.213	7.893	—			
4. Hobro	10.761	11.138	—			
5. Randers	6.061	13.250	—			
6. Grenaa	11.354	13.437	—	11.904	15.178	17.790
7. Aarhus	1.975	9.452	—	16.623	18.764	19.728
8. Horsens	15.025	8.631	—	15.021	17.170	—
9. Vejle	10.551	10.654	—			
10. Kolding	6.022	7.115	—			
11. Frederikia	7.100	7.111	—			

Holstein.

	1870 bz. 1871	1880	1885	insgesamt 1870 bz. 1871	1880	1885
1. Kiel	31.747	43.591	51.707			
2. Dietrichsdorf		1.134	4.094			
3. Ellerbek	1.075	3.537	3.215			
4. Garden	3.200	3.026	3.294			
5. Lütkenburg	1.631	3.267	3.344			
6. Oldenburg	2.806	2.168	2.710			
7. Heiligenhei	2.443	1.507	2.040			
8. Burg	1.991	2.943	4.441			
9. Preetz	2.709	4.150	3.664			
10. Plön	3.700	3.026	3.505			
11. Kahn	1.084	4.374	3.202	544.176	67.053	171.585
12. Neustadt	1.792	5.119	4.791		97.653	21.194
13. Segeberg	3.554	3.067	6.514		144.730	187.241
14. Oldesloe		2.377	4.318			
15. Itzehoe		3.760	4.399			
16. Lübeck	38.715	51.099				

¹) Marne und Blankenese zugerechnet etwa 6000 mehr. ²) Mettlingen, Lauenburg, Mölln zugerechnet etwa 10 000 mehr. ³) Unter Zurechnung von Dietrichsdorf, Ellerbek, Hamburg rund 7000 mehr.

die durch Europa und durch alle Meere führen, fällt mit grosser Deutlichkeit in die Augen: der in seiner Art einzige Ansiedlungspunkt an der bezeichneten Elbübergangs- und Wendestelle mit seinen rund 600 000 Einwohnern hat mehr als halb so viel Einwohner wie ganz Jütland, fast halb so viel wie das ganze Herzogtum Holstein, 200 000 mehr als das ganze Herzogtum Schleswig, und nur etwas weniger als den vierten Teil der ganzen cimbrischen Halbinsel.

Auch an der Ostküste lässt sich eine Zunahme nach Süden in der Grösse und Bedeutung der Städte nicht verkennen. Aber sie ist hier zu alten Zeiten eine allmählichere gewesen und hat nach den vor zwei Jahrzehnten eingetretenen Veränderungen begonnen sich zu verwischen. Aarhus, Flensburg, Kiel, Lübek stellen diese Steigerung dar:

	1870	1880	1885
Aarhus	15 075	24 831	20 263
Flensburg	21 325	30 956	33 009
Kiel	31 747	43 594	51 699
Lübek	39 743	51 055	55 399

2e. Höchst beachtenswert nämlich ist der Aufschwung der jütischen Städte. Während auch von den kleineren, soweit sie hier genannt sind, von 1870—1880 keine einzige zurückgegangen ist, zeigen eine erhebliche Anzahl der grösseren ein überraschendes Wachstum. Aus dem Nichts hervorgerufen ist der Westseehafen Esbjerg, der von 30 Einwohnern 1860 auf 1529 Einwohner 1880 gestiegen war und jetzt die 2000 überschritten haben wird. Aarhus, 1769 nur noch 4156 Einwohner gross, zählte 1801 deren 4202, 1855 schon 8891, hatte sich also damals in 86 Jahren verdoppelt; von 11 009 im Jahre 1860 auf 1880 auf 24 831, 1885 auf 29 263 gestiegen[1]), hat sich mithin in 20 Jahren mehr als verdoppelt, in 25 fast verdreifacht. Hatte es von 1860—1870 um rund 36 %, also jährlich etwa um 8½ % zugenommen, ist es 1870—1880 um 65 %, jährlich um 6½ %, 1880—1885 freilich nur noch um 17,74 %, d. h. jährlich um 3,5 % gestiegen. Die bedingenden und erzeugenden Ursachen des Verkehrs und der Ansiedlungen zeigen sich in diesem Falle mit besonderer Deutlichkeit. Die ersteren beruhen in der Belegenheit der Stadt auf der Mitte der dem Hauptlande des Staates zugewandten Seite, welche Lage seit der Abtrennung vom Süden gleich der Mitte einer Gestadeinsel wirkt (vgl. S. 481 I, 1, c u. II, 3, b und Bedingtheit S. 25); ausserdem in den vergleichsweise günstigen Verhältnissen des betreffenden Fahrwassers und des Hafens; die erzeugenden in dem entschlossenen Willen des dänischen Volkes, durch die Verkleinerung des Staatsgebietes sich nicht entmutigen, sondern nur zu verdoppelten Anstrengungen aufrufen zu lassen und den skandinavisch-dänischen Handelsverkehr nach Möglichkeit von der Südrichtung durch die entfremdete cimbrische Halbinsel in die Querrichtung zu werfen, um ihn vermittelst eines erst zu schaffenden Hafens an der einzigen einigermassen günstigen Stelle des Westmeeres auf den

---

[1]) Diese Angabe verdanke ich der freundlichen Mitteilung des Stadtrats von Aarhus, der 1885 eine örtliche Zählung aus eigenem Antriebe vorgenommen hat.

geraden Weg nach England zu leiten. So ist der Abstand zwischen Aarhus und Flensburg, welches in Schleswig genau denselben Punkt darstellt und gleiche oder noch günstigere Verkehrsbedingungen hat, wie Aarhus in Jütland, von 6000 im Jahr 1870 auf rund 4000 herabgegangen im Jahre 1885.

Andererseits hat Flensburgs Wachstum auch nicht Schritt zu halten vermocht mit dem von Kiel.

Flensburg hatte an der Blüte des dänischen Handels während des amerikanischen Unabhängigkeitskampfes und der Revolutionskriege bis 1807 einen hervorragenden Anteil. Während daher fast alle kleineren, auf Schiffahrt und Handel mit dem Norden angewiesenen Städte Schleswigs die Trennung von Dänemark schwer empfunden und meist mit einem sofortigen oder baldigen Rückgang erkauft haben, konnte Flensburg, gestützt auf alten, gediegenen und wohl gewahrten Reichtum, sich neue Erwerbswege eröffnen. 1769 hatte Flensburg 6842 Einwohner, eine Zahl, die Kiel erst 1781 erreicht haben wird; 1803 war Flensburg bereits auf 10 666, 1835 auf 12 438 gestiegen; 1845 hatte Flensburg 13 443, Kiel 13 572 Einwohner; 1855 ist Kiel mit 16 218 Einwohnern von Flensburg mit 18 875 überholt; 1867 aber schon mit 21 707 Einwohnern auf gleicher Höhe wie jenes mit 21 999, das Militär eingerechnet ihm voraus; 1870 bereits hat Kiel mit infolge der Einverleibung des Vorortes Brunswik einen Vorsprung von rund 10 000, 1880 von rund 13 000, 1885 von rund 18 000 Einwohnern.

Mit dieser Gangart kann auch Lübek nicht Schritt halten. Der Abstand von 1845, 29 234 gegen 13 572, hat sich 1871 bereits vermindert auf 39 743 gegen 31 747, jetzt ist er von rund 8000 auf rund 4000 herabgegangen und unter Hinzurechnung von Garden, dessen Einverleibung in Kiel eine bittere Notwendigkeit sein wird, von Ellerbeck und Diedrichsdorf, die im Grunde auch als „Vororte" angesehen werden müssen, würde Kiel wohl schon jetzt die alte Hansestadt um mehr als 9000 Einwohner schlagen. Auf der Ostseite scheint also, wenn nicht besondere Unternehmungen eine Ablenkung der eingetretenen Strömung hervorrufen sollten, die Bedeutung Lübeks nach seinen natürlichen Verkehrsbedingungen durch die Wirkungen der erzeugenden Verkehrsursachen überwogen.

2f. Beachtenswert ist ferner die Thatsache, dass in Schleswig und Holstein seit 1860 fast alle kleineren Städte, soweit sie nicht in dem Wirkungsbereich einer grösseren liegen oder sonst erzeugender Verkehrsbedingungen sich erfreuen, im Rückgange begriffen sind [1]: Tondern, Tönning, Hadersleben, Apenrade, Sonderburg, Schleswig, Kappeln, Heide, Meldorf, Wilster, Glückstadt, Rendsburg, Kellinghusen, Mölln, Lütkenburg, Oldenburg, Heiligenhafen, Burg, Pretz, Neustadt, Segeberg sind sämtlich zurückgegangen und zwar bis auf Haderslebeu, Pretz und Kellinghusen, nachdem sie in den Jahren 1871—1880 einen zum Teil erheblichen Aufschwung genommen hatten.

---

[1] Es wäre zur Aufklärung der Ursache von grosser Wichtigkeit, den jetzigen Bevölkerungsstand auch der jütischen Städte zu kennen, die aber schwerlich alle wie Aarhus eine örtliche Zählung vorgenommen haben werden.

Ein Wachstum und zwar ein beschleunigtes, zeigen hauptsächlich
nur Kiel und Hamburg, beide mit den ihrem Bereiche angehörigen Orten.
Kiel hat seit 1867 die Wirkungen der erzeugenden Verkehrsursachen in hohem Masse erfahren und somit die in seinen bedingenden
Gegebenheiten ruhende Möglichkeit zur Verwirklichung gelangen sehen [1].
Bis über die Reformation hinaus wird Kiel, auf die jetzige Altstadt
beschränkt, kaum höher als auf 4—5000 Einwohner anzuschlagen sein.
Im Anfang des 17. Jahrhunderts gibt es schon einige Häuserreihen
ausserhalb der alten Mauern [2], die Anfänge der jetzigen Vorstadt, mit
Fleethörn und Kuhberg. 1781 erst zählt die Stadt 6667 Einwohner,
die 1803 auf 7075, 1825 auf 10035, 1835 auf 11620 gestiegen sind.
Die Eröffnung der ersten cimbrischen Eisenbahn 1844 gab einen An-
lass zu rascherem Wachsen, von 13572 (1845) auf 16218 (1855). In
der etwa doppelt beschleunigten Zunahme von 18695 auf 21707 in
den Jahren 1864—1867 sind die Wirkungen der preussischen Occu-
pation sichtbar. Der folgende Zeitraum von 1867—1875 zeigt ein
Wachsen von zusammen rund 42 %, d. h. jährlich 5,2 %; der letzte
von 1875—1885 nur noch ein Steigen von 37246 auf 51707, d. h. im
Ganzen um rund 38 %, jährlich um nicht mehr ganz 4 %. Wenn die
Stadt also mit Aarhus, das von 1870—1880 um 6 ½ % jährlich gewachsen ist, hei aller Gunst der Verhältnisse keinen Schritt zu halten
vermocht hat, so werden die erzeugenden Bedingungen des Verkehrs
dort als noch günstigere angesehen werden müssen.

Der oben erwähnte, durch die berechnende Entschlossenheit der
Dänen abgezweigte Verkehrsstrom geht vorzugsweise nach England;
denjenigen Nord-Süd-Verkehr aber, der von Hamburg aus nach den Nieder-
landen, Paris, in die grosse Weltstrasse des Rheins, nach der Schweiz
und Italien weiter geht, kann Kiel niemand nehmen. Dagegen wird
es nach Einrichtung der demnächst zu eröffnenden Route Kopenhagen-
Rostock auch noch denjenigen Teil des Nord-Süd-Verkehrs abgehen müssen,
der bisher über Hamburg oder Lübek eine südöstliche Richtung ein-

[1] Die obige Ausführung ist, wie ich dem Herrn Prof. Hahn gegenüber
hervorzuheben genötigt bin, mit dem von mir über Kiels Lage in meiner Schrift:
„Bedingtheit etc." Dargelegten in der vollkommensten Uebereinstimmung. Wenn
derselbe (Die Städte der norddeutschen Tiefebene S. 158) meint, „im Angesicht des
grossen deutschen Kriegshafens würde ich jetzt anders urteilen als 1861," wo ich
gewarnt haben soll, „auf jene Eigenschaften" (Tiefe, Geräumigkeit, Verteidigungs-
fähigkeit) „allzu sanguinische Hoffnungen zu bauen," so kann ich meine Verwunderung
nicht bergen, wie wenig aufmerksam er meine Darlegung gelesen hat. Ich weise
hin auf S. 101: „Wer bedenkt, was dieser Winkel der Erde als Teil eines grossen
und mächtigen, freisinnig und hochherzig geleiteten Reiches werden könnte, dem
zittert das Herz entweder vor Freude oder auch vor — Entsetzen." Die entschei-
dende Stelle selbst aber folgt S. 103: „Allein auf seine bequeme Tiefe daher,.
auf seinen Umfang, seine Geschütztheit Hoffnungen unbegrenzter Art bauen zu
wollen ... erscheint kühlerer Betrachtung sanguinisch." Die Voranstellung des
Wortes „Allein", seine Hervorhebung durch den Druck konnte es doch für niemand zweifelhaft lassen, was der Schleswig-Holsteiner von 1861 im Herzen trug
und was er forderte, um die schlummernden Kräfte Kiels in Wirksamkeit gesetzt
zu sehen: ein Deutschland, eine deutsche Flotte, kurz, die erzeugenden Ursachen
des Verkehrs forderte er zu den vorläufig „allein" vorhandenen bedingenden hinzu.
Nicht zurückzunehmen habe ich mein Urteil, ich darf es als voll bestätigt ansehen.
[2] Vgl. die Abbildung in Bruins und Hogenbergs Theatrum urbium.

schlug. Ob und wie weit der nunmehr in sicherer Aussicht stehende Schiffahrtskanal auf die Bevölkerungs- und auf die Handelsverhältnisse wirken wird, bleibt abzuwarten; gewiss ist einmal, dass ein Steigen der Bevölkerung nicht zugleich immer ein Steigen des Wohlstandes und wahrhafte Blüte bedeutet, sodann dass Gunst und Ungunst der natürlichen Lage durch keine künstlichen Mittel ganz ihre Wirksamkeit verlieren.

Durch die Vorteile seiner natürlichen Verkehrsbedingungen überragt der grosse Verkehrsbrennpunkt Hamburg mit seinen Trabanten weitaus alle anderen. Die Kreuzung der Hauptlängenstrasse mit der Hauptquerstrasse, die Einmündung beider Längenstrassen zweiter Ordnung (2 und 3), der Diagonalstrasse von Burg und Oldenburg her (III), Strahlen, denen genau entsprechende bei Harburg zusammenschiessen, endlich der End- und Wendepunkt des Fluss- und des Seeverkehrs, Wasserstrassen, die ihrerseits aus zahllosen Fäden eines bezüglich über Deutschland und über die Welt ausgebreiteten Netzes zusammengesetzt sind, führen in ihrem Zusammenwirken zu Ergebnissen, die einen Vergleich mit irgend einem anderen Handelsplatze der cimbrischen Halbinsel nicht bloss, sondern des europäischen Festlandes nicht mehr zulassen.

Ende des Mittelalters nach verschiedenen Schätzungen etwa 12—20 000 Einwohner gross, Ende des 16. Jahrhunderts vielleicht 20—30 000, wird die Bevölkerung 1760 auf Grundlage vorliegender Geburts- und Sterbelisten auf 97 000 berechnet [1]. Für 1789 nimmt Hess eine städtische Bevölkerung von 96 000 Einwohnern an, die unter Begünstigung der damaligen europäischen Verhältnisse in den Jahren bis 1806 als rasch anwachsend anzusehen sein wird. Die Folgen der französischen Besitznahme zeigen sich aber schon in dem Ergebnis einer 1811 vorgenommenen Zählung, das nicht höher ist als rund 100 700 Einwohner. Im Jahre 1821 werden in Stadt und Vorstadt St. Pauli 127 985, 1835 149 520, 1845 166 916, 1855 185 641, 1865 211 638 gezählt, 1871 236 270, d. h. also in 50 Jahren eine Zunahme von rund 110 000 Einwohnern, die Häfen und Vororte mitgerechnet von rund 172 000. In den 9 Jahren von 1866 bis 1875 ist die Bevölkerung der Stadt mit Häfen und Vororten von 259 134 auf 348 447 Einwohner, d. h. um 3⅘ % jährlich, in den 10 Jahren von 1875—1885 von 348 447 auf 471 411, d. h. nur noch um etwa 3¼ % jährlich gewachsen, ein kleiner Rückgang also auch hier eingetreten. Der bedeutende Abstand, in dem auch Hamburg gegen die Hauptstadt Jütlands, wenigstens in dem Jahrzehnt von 1870—1880 bleibt, wird sich auch hier mit daraus erklären, dass ein erheblicher Teil des Zuwachses, den der Kern der grossen Elbstadt eigentlich erzeugt, den umliegenden Ortschaften zu gute gekommen ist und kommt, welche grösseren Raum und leichtere Erwerbsbedingungen bieten, ohne bei der Leichtigkeit des Verkehrs die Vorteile der Grossstadt zu entbehren.

2 g. Welch ein Abstand des heutigen Nordalbingiens gegen das von etwa dem Anfange unserer Zeitrechnung! Damals städtische Ansiedlungen unbekannt, ja nicht einmal geduldet: jetzt ein Zusammendrängen

---

[1] Nach freundlichen Mitteilungen des Hamburger statistischen Bureaus.

der Bevölkerung an bestimmten, begünstigten Plätzen, das zu dem
Beieinander- ja Uebereinanderwohnen unter der Erde, über der Erde, in
doppelten bis vier- und fünffachen Schichten geführt hat, Licht, Luft,
Atem hemmt, Krankheiten des Leibes und Schäden der Seele erzeugt, Auswüchse der gesellschaftlichen Ordnung, Extreme des Reich-
tums und der Armut hervorruft, aber eben — ist und bleibt.

Und dieses ausserordentliche, in mancher Hinsicht bedenkliche
Anschwellen der Städte ist erst sehr jungen Datums.

Bis ins 9. Jahrhundert gibt es in unserem Lande kaum die
ersten Ansätze städtischer Siedelungen. Erst im 13. Jahrhundert entwickelt sich, was man städtisches Leben nennen kann. In den letzten
Jahrhunderten des Mittelalters nehmen zwar Lübek und Hamburg für
Ost- und Nordsee-Gebiet beherrschende Stellungen ein; dennoch werden
sie, nach allen Anhalten zu urteilen, mehr als je 20—30000 Einwohner
kaum gehabt haben; die ländliche Bevölkerung bleibt die weitaus überwiegende. Dies Verhältnis dauert trotz allmählicher Zunahme Hamburgs bis in unser Jahrhundert, ja bis an und über die Mitte desselben
fort. 1803 hat Schleswig-Holstein nach der damaligen Zählung bei
einer Volkszahl von 604084 nur 104447, d. h. wenig mehr als ein
Sechstel städtischer Bevölkerung, unter Einschluss von Hamburg
(rund 130000 Einwohner), Lübek (rund 30000), Eutin (rund 2500),
Lauenburg (rund 3000), nach mutmasslicher Schätzung bei einer Bevölkerung von rund 819000 eine städtische von etwa 270000 Einwohnern,
d. h. immer noch nur etwa ein Drittel. Selbst 1875 noch, wo Schleswig-
Holstein (1073026) mit Hamburg (388618), Lübek (58000), Eutin
(34000) eine Gesamtbevölkerung von 1555334 Einwohnern trägt,
behält die ländliche mit 811271 gegen die städtische (346616 + 348447
+ 45000 + 4000 =) 744163 ein Mehr von rund 67000 Einwohnern.
Erst 1880 ist das Verhältnis auch für Schleswig-Holstein umgeschlagen:
die Städte haben ein Mehr von 62000, 1885 schon von rund 130000!

2h. Auch diese Erscheinung, nicht bloss bei uns, sondern in der
ganzen civilisierten Welt, bewährt uns von neuem das Wechselverhält-
nis zwischen den „Stätten" und den „Wegen". Die „Wege" haben
aber erst seit etwa einem Menschenalter ihre eigentliche Aufgabe und
Bestimmung der Bewegung in einer Weise zu erfüllen angefangen,
dass jetzt erst der ganze Inhalt des Wortes, der wirkliche Tiefsinn der
Sprache in sein volles, überraschendes Licht zu treten beginnt. Die
Vollendung der Verkehrsmittel hat eine Leichtigkeit und Schnelligkeit
der Bewegung ermöglicht, diese zugleich eine Zunahme der Verkehrenden,
eine Ausdehnung des Verkehrsgebietes, eine Verlängerung der durch-
messenen Entfernungen und eine Kürzung der bezüglichen, notwen-
digen Zeitfristen, dass die Einwirkung davon auf die Haltestätten nicht
ausbleiben konnte. Wuchs mit der Länge der Verkehrswege und der
Zeitersparnis der jedesmalige Verkehrsbereich, mussten in entsprechen-
dem Masse die Züge der Verkehrenden dichter und zahlreicher werden.
Städte, die früher als Herbergen in Betracht kamen, mussten ihre Bedeutung verlieren, zu blossen Anhaltestellen herabsinken, wohl gar den
Verkehrsstrom an sich vorbeirauschen sehen. Erst in weit grösseren
Entfernungen fand sich eine Stadt, die für den so unendlich erweiterten

Verkehrskreis einen bequemen Mittelpunkt darstellte; hier strömte und
staute sich nun aber auch die bewegliche Menschenmenge in einer Weise
zusammen, dass sie zu ihrer Verpflegung, Ausrüstung, Ausbeutung eine
entsprechende Ansiedlung von Ruhenden hervorrufen musste. Die Strassen,
die in Hamburg zusammen laufen, kommen aus allen Ländern Europas,
Amerikas, auch der andern Weltteile, London vollends ist der Mittelpunkt
eines Wegenetzes, das sich gleichmässig ausspannt über die Welt.

3. Es wird angebracht erscheinen, diese Steigerung des Verkehrs in mehr andeutender als ausführender Weise durch einige Zahlen-
angaben zu verdeutlichen.

Im Jahre 1625 gab es im dänischen Gesamtstaate 30 Poststationen; 1801 deren in Dänemark 40, Schleswig 15, Holstein 24, im
Ausland (Eutin, Lübek, Hamburg) 3, zusammen 82, d. h. also eine
Steigerung in 176 Jahren von etwas mehr als dem Doppelten. 1833
haben Schleswig, Holstein, Lauenburg zusammen 55 Poststationen, 1846
67, 1860 75, ausserdem bereits 100 Briefsammelstellen. Ende 1884 gab
es im Bezirke der Oberpostdirektionen Kiel und Hamburg, soweit nordal-
bingisches Gebiet in Betracht kommt, 370 + 49 = 428 Postanstalten ¹).

Briefe wurden in den Herzogtümern 1833 gewechselt 1 165 703;
1846 1 813 809, die Postämter im Ausland eingeschlossen. 1884 sind
in den Herzogtümern aufgegeben 27 563 803, eingegangen 28 203 305,
zusammen rund 56 000 000 Briefe, d. h. in noch nicht 40 Jahren eine
Steigerung um mehr als das Dreissigfache!

Wertsendungen kamen im Gesamtstaat Dänemark 1833 über
34 Millionen, 1846 über 59, 1860 über 115 Millionen Reichsbankthaler
vor; 1884 sind in den Herzogtümern (Hamburg, Lübek, Eutin eingeschlossen) Wertsendungen allein aufgegeben 291 798 468 Mark, eingegangen 230 846 079 Mark, Postanweisungen eingezahlt 100 914 704 Mark,
ausgezahlt 83 061 987, ein Gesamtbetrag von rund 710 000 000 Mark.
Schätzen wir den Anteil der Herzogtümer an dem Gesamtverkehr
Dänemarks für 1860 auf etwas mehr als ein Drittel, d. h. auf rund
40 Millionen Reichsbankthaler und rechnen den von Hamburg, Lübek,
Eutin, soweit er nicht durch die dänischen Postämter vermittelt sein mag,
noch mit rund 8 Millionen hinzu, d. h. also auf 108 Millionen Mark,
so würde sich in 24 Jahren eine Steigerung von ungefähr dem Sieben-
fachen ergeben.

Am erstaunlichsten ist die Zunahme des Personenverkehrs.
1833 noch verkehrten im dänischen Gesamtstaat mit der Post
nur 8290 Personen ²). Die Einführung von „Diligencen" auf mehreren
Strassen, die Verbesserung der Wagen durch Federn steigerten diese
Zahl in den folgenden Jahren merkbar, 1834 z. B. um 24 %, auf 10 344,
1842 gegen 41 um 61 %, auf 41 569 Personen. Die Eröffnung der ersten
Eisenbahn Kiel-Altona 1844 machte sich sofort geltend in einem Sinken
der Zunahme von 31 auf 7 % noch im Jahre 1844, obwohl die Eröffnung

¹) Diese und die folgenden bezüglichen Angaben verdanke ich der freundlichen Bereitwilligkeit des Herrn Oberpostdirektors Hufadel in Kiel.
²) Uebersicht über den Postengang etc. Bericht an den Finanzminister vom
Generalpostdirektor 1862.

am 18. September stattfand. Dennoch benützten 1846 schon 64 764
Personen die Post; 1860 121 812, davon in den Herzogtümern 41 241,
also rund der dritte Teil, so dass hier 1833 etwa 2700, 1846 etwa
21 000 werden befördert sein.

1884 war das nordalbingische Eisenbahnnetz bereits so entwickelt,
dass nur noch 18 096 Personen sich auf die Postwagen angewiesen sahen.
Dafür beförderten die Eisenbahnen folgende Zahlen[1]):

A. Die Privatbahnen.

1.	Schleswig-Brarup	64 753
2.	Altona-Kaltenkirchen	122 000 [2])
3.	Lübek-Travemünde	157 834
4.	Lübek-Büchen	191 420
5.	Lübek-Eutin	243 572
6.	Neumünster-Tönning	261 401
7.	Kiel-Eckernförde-Flensburg [3])	304 483
8.	Holsteinische Marschbahn . . .	466 034
9.	Lübek-Hamburg	670 190
		2 482 596

B. Die Staatsbahnen.

10. a)	Betriebsamt Flensburg:		
	angekommen .	666 900 [4])	1 331 600
	abgegangen . .	664 700	
b)	Betriebsamt Kiel:		
	angekommen .	1,015 400	2 037 700
	abgegangen . .	1 022 300	
c)	Betriebsamt Hamburg:		
	angekommen .	2 229 100	4 469 800
	abgegangen . .	2 240 700	
			7 839 100
	dazu . .		2 482 596
	Summa .		10 321 696

Von 1834 also bis 1884, in einem halben Jahrhundert, ist die
Zahl der durch öffentliche Verkehrsmittel beförderten Personen in den
Herzogtümern von rund 3000 auf rund 10 000 000 gewachsen, d. h.
um mehr als das Dreitausendfache; eine Veränderung, wie sie in allen Jahrhunderten unserer Geschichte zum erstenmale eingetreten ist. Gibt

---

[1]) Nach gütigen Mitteilungen der betreffenden Verwaltungen.
[2]) Die Bahn ist erst am 8. September 1884 eröffnet und hat bis zum
31. Dezember 30 474 Personen befördert, was zu der obigen Schätzung führt.
1885 ist die Zahl der Beförderten 122 631 gewesen.
[3]) Vom 1. April 1883 bis 1. April 1884. (Letzter Bericht.)
[4]) Bei der Zusammenzählung der Einzelangaben für die besonderen Stationen sind die Zehner nach oben oder unten zu Hunderten abgerundet. Vom Be-
triebsamt Hamburg ist natürlich nur das holsteinische Gebiet in Rechnung gezogen.

es, soweit ich sehe, auch keine Angaben, selbst kaum Anhaltspunkte,
um festzustellen, wie viele von jenen 10 000 000 auf verschiedenen Bahn-
strecken zwei-, vielleicht selbst drei- und mehrmal gezählt sind, wie viele
von ihnen Landeskinder, wie viele Auswärtige und bloss durchfahrende
sein mögen, immer wird man annehmen dürfen, dass täglich in Nordalbingien bei einer Bevölkerung von rund 1 500 000 Menschen, also vielleicht
1 000 000 Erwachsenen, etwa 20 000 auf den „Wegen" sind; ein Wandern
und Wogen der Ansässigen, der Grenznachbarn, der ganz Fremden
und Fernen, das auf Gewohnheiten und Sitten von immer wachsendem
Einflusse sein muss und verallgemeinert über die Welt, wie es zum Teil
schon ist, teils immer mehr wird, Zustände in Gesellschaft und Staat
herbeiführen muss, von denen eine klare und richtige Vorstellung noch
nicht zu gewinnen ist.

So stellt unsere Halbinsel noch immer wie von jeher eine grosse
Brücke, einen langen Damm durch das nordische Binnenmeer dar, in
welchem der Längenverkehr die Querbewegung weit überragt und im
Vergleich mit den vorübergehenden Völkerbewegungen früherer und
frühester Jahrhunderte jetzt eine Verkehrsader zwischen Norden und
Süden, Nordosten und Südwesten trägt, deren schwellender Strom keinen
Tag, keine Nacht mehr unterbrochen gedacht werden kann. In Ueber-
einstimmung mit der Richtung dieses Stromes, die ihrerseits eine not-
wendige Folge der Bodenbeschaffenheit und der Beziehungen zu den
Nachbarlanden ist, liegt die Vorderseite der Halbinsel in ihrer nörd-
lichen Hälfte nach Osten und Nordosten, in ihrer südlichen Hälfte nach
Westen und Südwesten gewendet, dem unbegrenzten Weltmeer zu.
Vom westlichen Ocean her ist die Alte Welt zum erstenmale in unsere
nordische Barbarei eingedrungen, ein gallischer Grieche in das äusserste
Thule. Von Südwesten her haben die Römer zum erstenmale den
Elbstrom befahren; nach Südwesten geht die einzige grosse Massenauswanderung unserer Vorfahren, von der wir sichere Kunde haben und
von der dauernde Wirkungen unbegrenzten Umfanges ausgegangen sind.
Von Südwesten und zwar wieder zur See kommt uns das Christentum;
im Westen wird selbst die Reformation bei uns zuerst lebendig: Visbeke,
Bockholt, Tast, Heinrich von Zütphen gehören alle dem Westen an,
der letztere war aus denselben Gegenden, auf demselben Wege gekommen, wie einst die ersten Sendboten des Christentums. Noch immer
geht über den Südwesten unserer Halbinsel ein stätiger Strom regel-
mässiger Auswanderung in die Welt hinaus. Wie einst an der Bildung
einer Nation von der weltgeschichtlichen Bedeutung der englischen,
wird das Angelsachsentum an der Gestaltung des Riesenstaates Amerika
einen wesentlichen, ja massgebenden Anteil gewinnen.

Zur Wortdeutung und Rechtschreibung.

1. Ueber die Bezeichnung unserer cimbrischen Meerbusen, Förden, lässt sich mit Sicherheit nicht mehr sagen, als dass sie nordischer Herkunft und nordischen Bereiches ist. Die Sache selbst aber deutet auf den Begriff des tief Einschneidenden, Trennenden, der auch in dem isländischen Sprichwort: eine Förde muss liegen zwischen Feinden, eine Wik zwischen Freunden, zur unverkennbaren Geltung kommt. Und wenn eine cimbrische Förde mit ihren zugänglichen Ufern keine Schranke aufzurichten geartet ist, so liegt an den Steilküsten und Gebirgswänden der eigentlichen Heimat der Fjorde, Norwegen und Island, die Sache anders. Bezeichnend heisst darum auch Norwegen Fiördjörd terra sinuum oder vidra sunda lönd latorum fretorum terra[1]); und wenn übertragen koma i hardan fjörd in difficilem sinum i. e. in angustias venire bedeutet, so muss man geneigt sein, auf eine Grundbedeutung Enge, Spalte oder ähnliches zu schliessen.

2. Die Bezeichnung Wik hat einen bedeutend weiteren Verbreitungsbereich; sie kommt an der ganzen Südküste der Ostsee, auf dem gesamten niederdeutschen Sprachgebiet ebenso gut vor wie im Norden; dass noch Brunswik, so unglücklich verhochdeutscht Braunschweig, Osterwik, noch sichtbarer gelegen in einer Ausbuchtung des Gebirgs, vielleicht auch Coswig in der zweifellos einst wasserbedeckten Elbebene hierher gehören, macht ihre Belegenheit, wie die in der Nachbarschaft mehrfach vorkommenden Ortsbezeichnungen, die sonst dem niederdeutschen Norden eigentümlich sind wie die Endungen -um, -büttel und ähnliche wahrscheinlich. Wenn die Bedeutung des Wortes nach seiner Verwendung für stumpfwinklige, schwach ausgeprägte Einbiegungen der Küste, sei es das Meeres selbst, sei es wie häufig einer Förde oder eines Binnengewässers nicht zweifelhaft sein kann, so wird sich die Ableitung von weichen als unbestreitbar ansehen lassen[2]). Dass damit der Zusammenhang des Wortes in seiner jetzigen Form als zweiter Bestandteil eines Ortsnamens mit dem altsächsischen wic Flecken vicus wohl bestehen kann, bedarf keiner Bemerkung.

3. Ein gleichfalls dem Norden und, soweit ich sehe, nur der cimbrischen Halbinsel in ihrer grösseren nördlichen Hälfte angehörige Bezeichnung einer bestimmten Wasserbeckenbildung ist das Wort Noor, bisher meines Wissens nicht erklärt. Herr Professor Möbius, an den ich mich wandte, fand ohne Zweifel sofort den richtigen Weg zu seiner Deutung in der Thatsache, dass die Meerenge von Gibraltar bei den alten Normannen als njörva oder nörva sund bezeichnet werde. Das Mittelmeer ist in der That ein Noor des Weltmeers. Denn sehen wir die Noore unserer Halbinsel an, wie das Windebyer, Selker, Haddebyer, Holmer, Nübelnoor u. a., so tritt bei allen als bezeichnendes Merkmal

---

[1]) Egilsson Lexicon poeticam antiquae linguae septentrionalis.
[2]) Vgl. Möbius Altnordisches Glossar: vik recessus maris von vikja, das nach Egilsson auch = flectere ist.

der verengte Hals hervor, durch den diese untergeordneten Wasser-
becken mit dem grösseren Gewässer, der Förde, verbunden sind. Das
Wort erscheint im ags. als nearo, alts. als naru, naro, narawe, ndd.
ndl. als naar, englisch als narrow.

4. Häufig kehrt das Wort with, auch witt geschrieben, in Zusammensetzungen bei Ortsnamen wieder: Sundewith, Handewith, Witt —
richtiger Withkiel. Die Bedeutung ist nicht zweifelhaft: vidr, vidar ist
im Altn. Holz, Baum. Dänisch ist es zu ved, schwedisch zu vêd,
angels. wudu, engl. wood geworden. (Vgl. Vigfusson, An icelandic
engl. dictionary und Möbius, Altnordisches Glossar.) Sundewith ist
mithin der Wald am Sunde, Withkiel der Waldquell.

5. Die Deutung nämlich des Namens Kiel = Quell oder Quellsumpf, Quellmoos, d. h. Moor, sehe ich mich veranlasst, teils gegen
Anzweiflung zu schützen, teils als die meine in Anspruch zu nehmen;
s. Bedingtheit des Verkehrs u. s. w. S. 104 ff., Anm.

Prof. Müllenhof freilich bezeichnete sie, mir gegenüber mündlich,
als unmöglich, wenn ich recht erinnere, wegen der verschiedenen Mes-
sung der Vokale. Junghans (Jahrbücher für die Landeskunde der Herzogtümer etc. IX, 3) findet für die Bestimmung der Grundbedeutung des
Worts „den neuerdings (sic!) geführten Nachweis, dass der Name Kiel
in einfacher und zusammengesetzter Form mit unbedeutender Differen-
zierung des Vokals in Schleswig, in Jütland, auf der Insel Möen mehrfach vorkomme", doch „wichtiger". „Ohne Zweifel ist" ihm „der
Name deutschen (germanischen), nicht slavischen Ursprungs und älter
als die Stadt." „Dass nach dem Jahre 1264 sowohl der kleine Kiel
als die Förde den Namen kyl führten, wird schon durch unser Stadt-
buch bezeugt; alles andere", meint er, „ist Vermutung, unbewiesen
und unbeweisbar."

Der Thatbestand des Sprachgebrauchs ist folgender. Der Name
kyl kommt zuerst in der Urkunde von 1242 vor, in welcher Johann I.
der „Holstenstadt" das lübsche Recht verleibt und ihr Weichbild bestimmt,
und zwar einmal mit dem Zusatz stagnum, einmal mit scheinbarer
Beziehung auf einen Bach ... usque in kyl sicut rivus descendit. 1259
wird ein fluvius kyl, 1286 ein parvus fluvius kyl genannt; die Felder westlich der Stadt, nördlich ansteigend vom Schreventeich, führen bis heute
den Namen Kiel-Stein. Der Schreventeich war, ehe seine südliche Hälfte
zum Wasserbehälter für die Stadt ausgegraben und seine grössere nördliche Hälfte 1869 zu Gärten umgewandelt und ausgelegt wurde, ein
rechtes „Moos" oder Moor, Wiesensumpf, ein seichtes Wasser, voll
Binsen und Bülten, wie sie namentlich im Gebirge mannigfach als
Flussursprünge erscheinen, das noch immer ein munteres Bächlein in
den kleinen Kiel und in die Förde entsendet, freilich zum Teil unter-
irdisch, durchaus nicht, wie Junghans meint, verschwunden [1]). In

---

[1]) Schreventeich ist, wie die alte Form für Schrevenborn, Grevenborn und
die Uebersetzung indago comitis für „des Greven Hagen" ausser Zweifel stellen =
's Greven Teich. Mitten in dem 1242 abgegrenzten Kieler Stadtgebiet blieb dieses
Gewässer gräflich, „fiskalisch", landesherrlich und ist erst 1862 von der Stadt erworben. Es erscheint mindestens als sehr möglich, dass bis 1242 an diesem Moose

Schleswig kommt dieselbe Bezeichnung, meist in Zusammensetzungen, an Orten ähnlicher Bodenbeschaffenheit zehnmal vor, nirgends bezeichnender und sprechender als in „Kielseng" an der Flensburger Förde, dem „Quellenanger", der Quellenwiese.   Im Königreich Dänemark kommen nach der Topographie von Trap Ortsnamen mit Kiel oder kjel, kille, kilen, kjelle, kjelling, kjeld 54 vor, mit dem zweifellos verwandten kilde, kjaeld noch eine ganze Anzahl mehr, darunter solche, die den Sinn des Wortes deutlich hervortreten lassen: kjeldkjaer (Quellsumpf), kjeldskov (Brunnenholz), kildal (Quellenthal) u. a.   In Norwegen erscheinen an der Südküste ähnliche Bodenformen mit gleichem Namen. In Deutschland ist der von den „Moosen" der Eifel gespeiste Nebenfluss der Mosel Kyll, samt Stadtkyll und Kyllburg unzweifelhaft von demselben Stamme benannt; auch Kelberg im Quellgebiet der Ahr, Küllheim an einem Nebenfluss der Tauber, Kelheim an den Uferhöhen der „moosigen" Donau (vgl. schwäbisch Brunkell) werden gleicher Wurzel sein.

Ueber die Bedeutung des Wortes habe ich heute nicht mehr wie 1861 eine begründete „Vermutung", sondern eine zweifellose Gewissheit: kil ist nichts anderes als Quell. Zum Beweise diene, was ich (Bedingtheit u. s. w. S. 106) an sprachlichen und sachlichen Analogien beigebracht habe und was seitdem (1873) durch die Auktorität des Grimmschen Wörterbuchs in erwünschtester Weise bestätigt worden ist; die hier aus Mathesius Sarepta beigebrachten Stellen (. . . ausz einem jeden kiele, flüszlein, laken oder cistern zu trinken, Sarepta 08 b und . . . den ursprung der kielen des Schwarzwassers [im sächsischen Erzgebirg], Sarepta 117 a) deuten bereits, wie die Verwendung des Wortes zu Ortsbezeichnungen, auf ein dem Stamme eigentümliches, sehr begreifliches Schillern zwischen den Bedeutungen Sumpf- oder Moosquell und Quellmoos, und da jeder Quell sofort in ein „flüszlein" übergeht, auch zwischen Bachquell und Quellbach.

Ausser dieser Thatsache auch noch einige andere zu beweisen, was ich mir erlaube für möglich zu halten, würde nicht dieses Ortes sein. Hier nur noch die Antwort auf eine sich aufdrängende Frage: Führt denn Kiel seinen Namen Quell mit Recht?

1861 schloss ich meine Darlegung mit den Worten: „Wenn daher Kiel, wie vor einigen Sommern, in Dürre zu verkommen in Gefahr geraten kann, so muss entweder der Name kil eine contradictio in adjecto und wie lucus a non lucendo sein oder die Wünschelrute fehlen, den versprochenen Quellenschatz zu heben."

Derselbe ist seitdem gehoben. Hart nördlich von jenem oben erwähnten Joch, das Nord- und Ostsee-Abdachung scheidet, waren in dem saftiggrünen Wiesengrund, der alsbald in die Förde übergeht, schon 1844 durch den Bau der Eisenbahn „starkfliessende Quellen" [1]) freigelegt, welche täglich rund 1000 cbm schönsten Wassers in den Hafen ent-

---

der Name kil gehaftet hat, das seitdem im Gegensatze zum Stadtgebiet als 's Greven Teich bezeichnet zu werden begann.
[1]) Vgl. P. Chr. Hansen, Schleswig-Holstein, seine Wohlfahrtsbestrebungen und gemeinnützigen Einrichtungen.

sendeten. Hier sind nun 1879,80 acht Brunnen auf 7—8 m Tiefe durch einige Lehmschichten in den Korallensand abgesenkt, deren Ertrag, zwischen 3000 und 4000 cbm täglich, durch Ueberohre in einen Sammelbrunnen bei Garden und von da durch Maschinen in das Hauptbecken auf der Höhe des Viehburger Rückens gehoben wird. Eine zweite Quellenwiese, 150 m entfernt, kann über kurz oder lang in Benutzung genommen werden. Kiel ist die „Holstenstadt am Wiesenquell".

6. In der Schreibung habe ich einige Abweichungen von der landläufigen nötig befunden. Eine innere Berechtigung hat sie oft nicht und dient nur dazu, den Sinn und Ursprung der Benennungen zu verdunkeln. Wie sichtlich ist Fähr-Bellin das durch eine Fähre gekennzeichnete Bellin! Wer es aber schreibt, wie es heisst, gibt Anstoss. Hier könnten sich die Behörden Verdienste erwerben!

Das niederdeutsche Wort für Bach: „Bek" mit ck, d. h. mit doppeltem k zu schreiben, ist ohne alle Berechtigung; einmal, weil der Aspirata des Hochdeutschen die niederdeutsche Tenuis entspricht und ein ck auf ein cch führen müsste; sodann weil niemand in dem Worte einen geschärften Vokal spricht.

Auch in Lübek hört man einen langen Vokal. Dazu kommt, dass der Name, zweifellos slavischen Stammes, obwohl nach freundlicher Mitteilung des Herrn Prof. Leskien unsicherer Ableitung (ljub? lieb — dann wäre die Form lubica — oder lub? Rinde), nach ältester Schreibung nur in der Form Lubice, Lubike, Lubika oder Lubeke erscheint.

Meklenburg, von michel (μγγαλ—), bei Helmold Mikilenburg, kann auf richtigem Wege ebensowenig zu einem ck gelangen, das auch die niederdeutsche Aussprache nicht kennt.

In Pretz halte ich die Schärfung durch ein t für richtig, weil es slavisch Porěcje (Ort am Flusse) ist (Leskien), c aber gleich tsch ist. Daher auch die alte Schreibung Poretze.

Für Silt, statt des dänisch anklingenden Sylt, spricht sowohl die alte Schreibung Sild (s. die Urkunde König Erichs [1241?] bei Hasse, S. H. L. Regesten und Urkunden I, 279), als auch die eigentliche, friesische Form Sal; friesisch a geht auch sonst in i über, z. B. stal = still.

Bemerkung zu S. 536. Eben vor Thorschluss fällt mein Blick auf S. 16 f. der Denkschrift der Kieler Handelskammer über den Nordostsee-Kanal: das Urteil der Praxis über unser Eisenbahnnetz fällt mit dem der Theorie zusammen.

* 9 7 8 3 7 4 2 8 1 6 9 6 2 *